克敵制勝的藝術，創造奇蹟的科學！

孫子兵法大全集

孫武　著
黃善卓　譯注

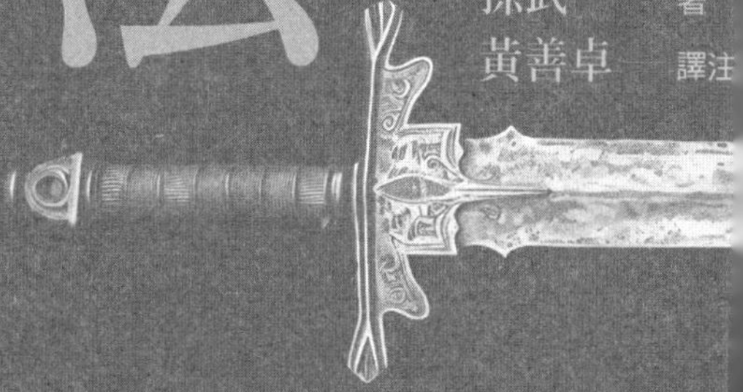

美軍國防大學將官主修戰略學的第一課
美國陸、海、空三軍高級軍校的必修課程

《孫子兵法》是兵書的經典，卻不局限於戰爭，
其內容涉及到戰略學、戰術學、地理學、指揮學、心理學，
其應用範圍已經廣泛延伸到政治、經濟、貿易、管理、社交等社會生活的各個方面，
甚至延伸到為人處世的細微之處！

前言

中國古代文化源遠流長，典籍著作浩如煙海，種類繁多。這些著作皆含義深刻，內容精闢，值得我們現代人深切體會和仔細玩味。說到這其中的著作，就不能不提及被世人譽為「曠世奇書」的《孫子兵法》。

《孫子兵法》閃耀著樸素的唯物主義和辯證思想的光輝，理論精深，思維精密，法則精妙，具有普遍而長遠的指導意義。它既是中國古典軍事文化遺產中極為奪目的瑰寶，也是中國傳統文化中不可缺少的重要組成部分。

《孫子兵法》全書共十三篇，依次是：計篇、作戰篇、謀攻篇、形篇、勢篇、虛實篇、軍爭篇、九變篇、行軍篇、地形篇、九地篇、火攻篇和用間篇。在這十三篇裡，孫武以「知彼知己，百戰不殆」這一思想為基礎，將作戰方針、作戰形式、作戰指導原則等論述得有聲有色。其思想之精闢豐富，邏輯之縝密嚴謹，令人為之深深感歎和折服。

《孫子兵法》自問世以來，一直被軍事家們奉為必讀兵書和至上信條。韓信、諸葛亮、岳飛等古代著名軍事家，都從《孫子兵法》中汲取了智慧，創造出輝煌戰績。「治世之能臣，亂世之奸雄」的曹操，更是酷愛《孫子兵法》，對其進行反覆研究和實踐，並親自批注《孫子兵法》。《孫子兵法》在國際上也同樣享有盛名。早在西元八世紀，《孫子兵法》就被傳入日本、朝鮮。十八世紀時，又傳入歐洲。今天，《孫子兵法》已被翻譯成幾十種文字，在全世界廣為流傳，與克勞塞維茲的《戰爭論》並稱為最偉大的軍事著作。

我們這本《孫子兵法》，兼採眾家之長，由原典、注釋、譯文、名家注解、解讀五個部分組成。原典保留了經典原著的核心內容，可以讓讀者領略《孫子兵法》的原典精華。注釋、譯文這兩部分是將原典翻譯成白話文，讓讀者更直接地理解原典的意思。名家注解、解讀則是進一步闡述這些兵法的理論和現實意義。現代社會複雜多變，需要我們掌握和運用更多的方法和策略，而《孫子兵法》所揭示的原理就非常適合這些需要。

在本書中，我們不是枯燥地講道理，而是透過分析案例，幫助讀者加深對《孫子兵法》的領會。我們分別從軍事、商業兩個方面進行解讀，內容兼具實用性和典藏性，是一本適合各行各業人士借鑑學習的普及讀物。

書中難免錯謬之處，敬請批評指正！

目錄

〈計篇〉

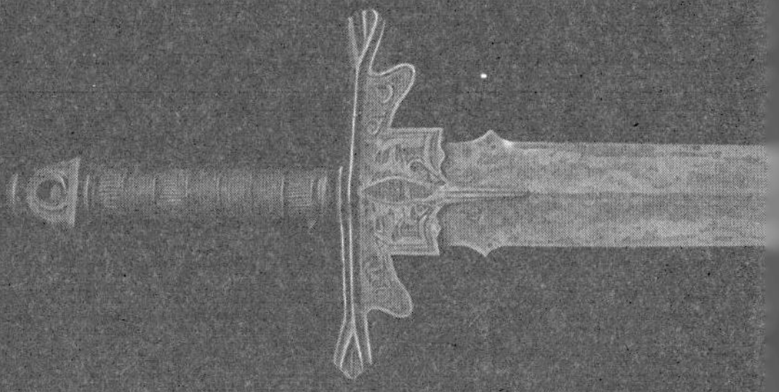

【原典】

孫子曰：兵[一]者，國之大事，死生之地，存亡之道，不可不察也。

故經[二]之以五事，校[三]之以計而索[四]其情：一曰道，二曰天，三曰地，四曰將，五曰法。道者，令民與上[五]同意[六]也，故可以與之死，可以與之生，而不畏危。天者，陰陽[七]、寒暑[八]、時制[九]也。地者，遠近、險易、廣狹、死生也。將者，智、信、仁、勇、嚴也。法者，曲制[一〇]、官道[一一]、主用[一二]也。凡此五者，將莫不聞。知[一三]之者勝，不知者不勝。故校之以計而索其情，曰：主孰有道？將孰有能？天地孰得？法令孰行？兵眾孰強？士卒孰練？賞罰孰明？吾以此知勝負矣。

將[一四]聽吾計[一五]，用之必勝，留之；將不聽吾計，用之必敗，去之。

計利[一六]以[一七]聽[一八]，乃為之勢[一九]，以佐[二〇]其[二一]外[二二]。勢者，因利而制權[二三]也。

兵者，詭[二四]道[二五]也。故能而示[二六]之不能，用[二七]而示之不用，近而示之遠，遠而示之近。利而誘之，亂而取之，實[二八]而備[二九]之，強而避之，怒而撓[三〇]之，卑[三一]而驕之，佚[三二]而勞之，親而離之。攻其無備，出其不意。此兵家之勝[三三]，不可先[三四]傳[三五]也。

夫未戰而廟算[三六]勝者，得算多[三七]也；未戰而廟算不勝者，得算少也。多算勝，少算不勝，而況於無算乎？吾以此觀之，勝負見矣。

【注釋】

一、兵：士兵、兵器、軍隊、戰爭等，這裡指戰爭。

二、經：量度，引申為分析研究的意思。

三、校：通「較」，比較、較量的意思。

四、索：探索。

五、上：上司、上級，這裡指君主。

六、同意：指人民與君主同心同德。

七、陰陽：指晝夜、晴雨等天時氣象的變化。

八、寒暑：指寒冷、炎熱等氣溫的不同。

九、時制：指四季時令的更替等。

一〇、曲制：曲是古代軍隊編制較小的單位，曲制指軍隊組織編制等方面的制度。

一一、官道：指各級將吏的職責劃分和管理形式、管理制度。

一二、主用：主是主持、掌管的意思，用是物資費用的意思，這裡指軍需物資、軍用器械、軍事費用的供應管理制度。

一三、知：知道，這裡是深入瞭解、切實掌握的意思。

一四、將：時間副詞，將要的意思，也可解釋為如果。

一五、計：計較，這裡可引申為衡量。
一六、利：利益。
一七、以：通「已」。
一八、聽：聽從、採納。
一九、勢：這裡是形勢、情勢的意思。
二〇、佐：有助於。
二一、其：指示代詞，指實現戰略目標的計策。
二二、外：這裡指客觀形勢。
二三、制權：根據實際情況，靈活採取行動。
二四、詭：奇異，欺詐。
二五、道：原意是途徑，這裡引申為方法與計謀。
二六、示：顯示，這裡是偽裝的意思。
二七、用：原意是使用，這裡是用兵的意思。
二八、實：這裡指敵人實力強大。
二九、備：備戰。
三〇、撓：挑釁。
三一、卑：卑下，這裡是謹慎的意思。

三二、佚：通「逸」，這裡指敵軍獲得充分的休整。
三三、勝：勝算，妙計。
三四、先：預先。
三五、傳：傳授。
三六、廟算：古代出兵前在祖廟舉行儀式，因此廟算用來指代出兵之前的計算與謀劃。
三七、得算多：指計算周密，打勝仗的把握更大。

【譯文】

孫子說：戰爭是國家大事，關係到人民的生死，國家的存亡，不能不認真地去考察研究。

戰爭要綜合考慮五個方面的真實情況，即政治、天時、地利、將帥、法制。所謂政治，指的是國君的政治路線和政策方針，要充分動員廣大民眾，使其理解並支持君主的決策。這樣可以使人民甘願與君主同生共死，而不畏懼任何困苦。所謂天時，指用兵時的晝夜晴雨、嚴寒酷暑、春夏秋冬等氣候情況；所謂地利，就是指作戰時距離的遠近、地勢的險阻平坦、地域的寬窄、死地與生地的利用；所謂將帥，就是要考察將領在智謀、威信、仁慈、勇敢、嚴明等方面的素質和能力；所謂法制，就是指軍隊的組織編制、將領的管理、軍需的供應、軍令法規、武器供應等方面的情況。凡屬於以上這五個方面的情況，將帥都不能不知道。只有真正瞭解和掌握以上五個方面情況的人方能在戰爭中取勝。因此，要通過對敵我雙方情況的比較，來探索戰爭勝負的情勢。這就是說，敵我雙方哪一方的君主能夠做到君民一心？哪一方的將帥更有才能？哪一方占有天時地利？哪一方的法紀更嚴明？哪一方的兵力更強大？哪一方的士卒訓練更有素？哪一方的軍隊管理更好、賞罰分明？我根據以上七個方面的情況就可以判斷誰勝誰負了。

假如國君能夠聽從我的計謀，作戰必勝，我就留下來；如果不聽從我的計謀，貿然用兵必然失敗，我就會離去。

有利的計謀，已被採納，還要造成有利的態勢，作為外在的輔助條件。所謂有利的態勢，就是根據對我方有利的情況，採取靈活機動的措施掌握戰爭的主動權。

用兵打仗講究詭譎之術，要運用多種方法來欺騙麻痺敵人。所以，能征善戰，要向敵人裝作軟弱無能；本要用兵，卻裝作不準備打仗；準備攻打近處，要給敵人造成攻擊遠處的假象；準備攻打遠處，相反卻裝作要攻擊近處。敵人貪利，就利誘他；敵人混亂，就乘機攻取他；敵人實力強，就要防備他；敵人兵力強大，就要避開他；敵人容易衝動，就要設法挑釁他，讓敵方失去理智；對於小心謹慎的敵人，要想方設法驕縱他，讓敵方失去警惕；敵人休整得好，就設法去騷擾他，搞得敵方疲憊不堪；敵人內部團結，就要設法去離間他，分化瓦解敵人。在敵人毫無準備時，就突然襲擊。這些就是軍事家用兵制勝的奧祕，只能好好領會，是不能靠事先規定刻板傳授的。

開戰之前，廟堂之上的謀劃就能預知勝利，是因為能取勝的條件充分；開戰之前就預計不能取勝，是因為獲勝的條件不充分。籌劃周密，獲勝條件充分，就能打勝仗；籌劃不周密，可獲勝的條件少，就很難打勝仗，更何況根本不謀劃、條件不具備呢？我們依據「五事」、「七計」來進行考察，誰勝誰負就很明顯了。

【名家注解】

東漢・曹操：「計者，選將、量敵、度地、料卒、遠近、險易，計於廟堂也。」

唐・李筌：「計者，兵之上也。《太一遁甲》先以計，神加德宮，以斷主客成敗。故孫子論兵，亦以計為篇首。」

唐・杜牧：「計，算也。曰：計算何事？曰：下之五事，所謂道、天、地、將、法也。於廟堂之上，先以彼我之五事計算優劣，然後定勝負。勝負既定，然後興師動眾。用兵之道，莫先此五事，故著為篇首耳。」

宋・王皙：「計者，謂計主將、天地、法令、兵眾、士卒、賞罰也。」

宋・張預：「《管子》曰：『計先定於內，而後兵出境。』故用兵之道，以計為首也。或曰：『兵貴臨敵制宜，曹公謂計於廟堂者，何也？』曰：『將之賢愚，敵之強弱，地之遠近，兵之眾寡，安得不先計之？及乎兩軍相臨，變動相應，則在於將之所裁，非可以隃度也。』」

【解讀】

高明的軍事家和戰略家，能夠做到「運籌帷幄之中，決勝千里之外」。成功的關鍵在於事先的謀劃分析，能夠依據客觀實際情況制定出切實可行的戰略戰術。這就是孫子所說的「計」。

《孫子兵法》把〈計篇〉作為十三篇之首，足以看出孫子對謀劃的重視。

《孫子兵法》中是這樣具體分析的：

首先，要求戰爭的決策者對發動戰爭要高度重視，慎重對待。「兵者，國之大事，死生之地，存亡之道，不可不察也。」務必要認真研究謀劃，然後才決定是否應當用兵，這就是孫子「慎戰」的主張。

其次，前後列舉出「五事」、「七計」，作為考察評判戰爭勝負的基本標準。「五事」，即「一曰道，二曰天，三曰地，四曰將，五曰法」。從君主、政治到自然氣象和地理環境狀況，再到將帥、軍隊法制，其中既有主觀因素，也有客觀因素；既包含上層建築，又含有物質基礎。「七計」，即「主孰有道？將孰有能？天地孰得？法令孰行？兵眾孰強？士卒孰練？賞罰孰明」，這是對「五事」的深入分析和具體落實。「五事」、「七計」基本上包含了戰爭的全部關鍵因素，據此可以判斷戰爭的勝負，可以對戰爭預作謀劃。

再次，闡述用兵必須掌握的基本法則，即「因利而制權」和行「詭道」。依據有利於己方的原則，根據具體情況採取靈活機動的策略，去掌握戰爭主動權，用詭譎之術迷惑敵人，麻痺敵人，削弱敵人兵力，打擊敵人士氣，從而增加自己勝利的籌碼。然後「攻其不備，出其不意」，向敵人發起突然攻擊，打敗敵人。這裡，孫子提出了詭譎「十二術」，其著眼點是「因利制權」。為了達到「攻其不備，出其不意」的目的，採取靈活的計策，當然這是在「慎戰」前提下的戰術運用，表現了很大的靈活性。

最後，孫子特別強調了戰爭前周密策劃對戰爭的決定作用。上面講的「慎戰」、「五事」、「七計」的考察，「十二術」、「出奇制勝」的戰略戰術運用，都可以說是「廟算」的具體內容。當然這也是《孫子兵法》全書的總綱。十三篇的全部內容，從根本上說就是對戰爭諸因素的通盤考慮和謀劃算計。

在歷史上有很多使用〈計篇〉謀略取得成功的例子。例如，春秋時期吳國名將伍子胥的朋友要離，就是一個善於「能而示之不能」的高手。要離身材瘦小，他和別人比劍時，總是先取守勢，當對方發起進攻後，眼看劍鋒快挨著他身子時，靈巧一避，躲開敵方的劍鋒，待對方放鬆防範時再突然進攻，刺中對手。因此，他成了當時無敵的擊劍高手。伍子胥向他請教取勝祕訣，要離說：「我臨敵先示之以不能，以驕其志；我再示之以可乘之利，以貪其心。待其急切出擊而空其守，我趁機發起突然襲擊。」這說明要離掌握了比劍制勝的奧祕。劉備被困在曹營時，整天在後院裡種菜。曹操煮酒論英雄，想試探劉備的志向，劉備則「巧借聞雷來掩飾」，蒙混過關。還有蔡鍔為掩飾自己報國的志向，故意裝作迷戀酒色、無所作為，最後在小鳳仙的掩護下逃出牢籠。這些都是對〈計篇〉精髓的領悟發揮。

【案例】

軍事篇：草木皆兵

西元三八三年的秦晉淝水之戰，是偏安於江南的東晉政權同北方氐族貴族前秦政權之間進行的一場事關兩國命運的大決戰。它是中國歷史上以弱勝強的一個著名戰例，勝方將領使用了〈計篇〉中的很多謀略，用事實驗證了《孫子兵法》的道理所在。

西元三一六年，西晉王朝經過了「八王之亂」，元氣大傷，最後在北方游牧民族的進攻下滅亡了。中國就此進入一個長達幾百年的大分裂、大混戰時期。南方，西晉琅琊王司馬睿於西元三一七年在建康（今江蘇南京）稱帝，建立了東晉王朝，疆域包括現在漢水、淮河以南大部分地區。北方，匈奴、鮮卑、羌、氐、羯等少數民族也先後建立了十幾個政權，互相征戰不休，陷入割據混戰的狀態。

後來，占據陝西關中一帶的氐族貴族苻健，以長安為都城建立了歷史上的前秦政權。西元三五七年，苻健之侄苻堅即帝位。他非常重視漢族知識份子，大膽使用漢族知識份子王猛管理朝政，改革政治，發展經濟，鼓勵文化教育，取得了顯著的效果，使前秦國力大增，逐漸強大起來。

國力強大之後，前秦政權不斷對外用兵，先後滅掉前燕、代、前涼等割據小國，逐漸統一北方。這使苻堅的野心迅速膨脹起來，意圖滅掉東晉，統一天下。西元三七三年，前秦軍隊奪取了東晉的梁（今陝西南部、四川北部的部分地區）、益（今四川的大部分地區）兩州，控制了長江、漢水上游。這樣的形勢對東晉極為不利。隨後前秦又先後攻占了襄陽、彭城兩座重鎮，這使得前秦與東晉之間的矛盾一觸即發，一場大戰在所難免。

苻堅從與東晉的戰爭中嘗到了甜頭，錯誤地以為東晉不堪一擊，再加上他急於吞併南方統一南北，就積極籌劃出兵事宜。西元三八二年四月，苻堅發布詔令，任命苻融為征南大將軍，全面籌劃征南事宜。這年八月，又任命裴元略為巴蜀、梓潼二郡太守，督造戰船，訓練水兵，準備用水師從巴蜀順流東下與主力部隊會攻建康。十月，苻堅認為準備已經很充分了，滅晉的時機已經到了，於是決定統兵九十萬南下滅晉。

但是，前秦內部對是否應當攻打東晉的問題上很不一致。大臣們對滅晉的決策議論紛紛。一次，苻堅在太極殿把群臣召集起來，商議滅晉事宜。苻堅趾高氣揚地對群臣說：「現在我們已經平定了北方，只有江南的東晉還沒有平定。我們有大軍百萬，絕對可以一舉蕩平江南。朕將御駕親征，滅了東晉。」朝臣中只有少數大臣附和苻堅的意見。祕書監朱肜迎合苻堅說：「陛下親率大軍，更何況我們準備充分。東晉實力弱小，之前一直連吃敗仗，跟我們相比，就如同雞蛋比石頭，必敗無疑。現在出兵時機剛剛好。」鮮卑族貴族慕容垂懷著個人目的，也大力支持苻堅的主張。但前秦多數大臣都反對出兵，尚書左僕射權翼談了自己的看法。他認為東晉雖然弱小，但「君臣輯睦，內外同心」，現在進攻未必能達到目的。太子左衛率石越也認為東晉據有長江天險，百姓又很擁戴國君，進攻很難取勝。這些大臣們主張先不要忙著進攻東晉，待東晉內部出現混亂時，再派兵進攻。可苻堅根本聽不進去，狂妄地說：「我有百萬大軍，把馬鞭扔進長江，就可以把水流阻斷，東晉的長江天險又算得了什麼？」

退朝後苻堅又找來自己的弟弟陽平公苻融商議。苻融也不贊成出兵，他認為伐晉有三大困難：己方人心不齊；東晉內部團結；秦連年打仗，士卒疲憊，人民厭戰。苻融還清醒地指出，前秦表面看來很強盛，但背後存在著嚴重的民族矛盾。他向苻堅指出：「現在的鮮卑、羌、羯等族人民，與我們氐族有滅國亡族之深仇大恨。他們現在就遍布京郊地區。大軍南下之後，國內兵力空虛，一旦他們在國家腹地發生叛亂，我軍不能及時接應，後悔就來不及了。」為了進一步說服苻堅，苻融還抬出了苻堅最信任的已故丞相王猛反對攻晉的臨終遺言。但是，苻堅仍然固執地認為：滅晉是以強擊弱，就如「疾風之掃秋葉」，絕對可以一戰而下。

朝中大臣看苻堅意志堅決，為了勸阻他伐晉，做出了很多努力。他們抓住苻堅信佛的心理，請出著名的道安禪師來勸說。道安勸誡苻堅千萬莫要攻晉，如果一定堅持攻晉，也不必御駕親征。應當坐鎮洛陽，居中調度，雙管齊下，爭取最後勝利。甚至苻堅的愛妃張夫人和太子宏、幼子詵也跑來勸阻。可是苻堅已經下了滅晉的決心，什麼意見也聽不進去。

西元三八三年七月，苻堅下達命令，徵發國內各民族壯丁從軍出征，並狂妄地宣稱：「等我們獲勝了，可以任用抓來的司馬昌明（晉孝武帝的號）做我們的尚書左僕射，謝安做我們的吏部尚書，桓沖做我們的侍中。我們取勝指日可待，現在我們就可以動工為他們建造官邸了。」八月，苻堅親自率領步兵六十萬、騎兵二十萬、羽林郎（禁衛軍）三萬等，共九十萬大軍南下伐晉。東晉朝野震動，在前秦大軍壓境的緊急關頭，決定奮起抵抗。於是，他們採取積極部署兵力，制定出正確的戰略方針，以抵抗前秦軍隊的進犯。

晉武帝司馬曜任命桓沖為江州刺史，防守長江中游，阻止秦軍由襄陽南下侵犯；任命謝石為征討大都督，謝玄為前鋒都督，率領戰鬥力較強的「北府兵」八萬人沿淮河西上，遏制秦軍主力；又派遣胡彬率領水軍五千人增援戰略要地壽陽（今安徽壽縣），決意要與秦軍決一死戰。

同年十月十八日，苻融率領前鋒部隊攻占壽陽，活捉了東晉平虜將軍徐元喜等人。秦軍慕容垂部也攻占了鄖城（今湖北安陸縣境）。晉軍將領胡彬半路上得知壽陽失守後，便退守硤石（今安徽鳳臺縣西南）。苻融率軍去攻打硤石。苻融的部將梁成率軍五萬進攻洛澗（今安徽懷遠縣境內），並在洛口設置木柵，阻斷淮河交通，企圖遏制從東面趕來增援的晉軍。胡彬被圍困在硤石，糧草消耗殆盡，危在旦夕，趕忙寫信向謝石請援。不想這封信卻被秦軍截獲。苻融得知後迅速向苻堅報告了晉國兵力單薄、糧草缺乏的情況，提議快速進兵，防止晉軍逃跑。苻堅得到這個消息，非常高興，決定把大部隊先留在項城，自己則親率八千騎兵火速趕往壽陽。

苻堅趕到壽陽安下了營寨，立即把東晉降將朱序叫來，讓他到晉軍中勸降。誰知道朱序到了晉軍營後，不僅沒有勸降晉軍，卻向晉軍將領謝石等人透露了秦軍的虛實，同時又向謝石等人提議要乘秦軍諸路軍隊還沒有集結起來，抓住這個時機主動出擊，不然等秦軍百萬大軍集結起來就很難戰勝了。他分析說，晉軍只要能夠擊敗秦軍的前鋒，使敵方銳氣受挫，就能瓦解敵軍。謝石剛開始對百萬秦軍心存畏懼，本計畫採用堅守不戰的策略來挫敗秦軍的銳氣，但當他聽了朱序的建議之後，便馬上更改作戰計畫，主動出擊，掌握了戰爭的主動權。

十一月，東晉軍前鋒都督謝玄派北府兵猛將劉牢之率強兵五千人迅速趕往洛澗，迎擊秦軍將領梁成部。劉牢之率軍迂迴到秦軍背後，斷了秦軍的後路；謝玄則率兵強渡洛水，迎面猛擊梁成的部隊。晉軍前後夾擊，秦軍大敗，士兵們爭相渡過淮水逃命，五萬大軍很快就土崩瓦解了，一萬五千多人喪生，主將梁成被殺。秦揚州刺史王顯等人被晉軍活捉，大批輜重、糧草也被晉軍截獲。洛澗之戰的勝利，極大地鼓舞了晉軍士氣。謝石率領諸軍，水陸並進，全線反攻。秦軍士氣低落。站在壽陽城上的苻堅看到晉軍勇猛頑強，攻勢強勁，誤以為晉軍部隊人數極多，甚至把淝水東面八公山上的草木都誤認為是晉兵，也開始害怕起來。

洛澗戰役失敗後，秦軍不敢貿然進兵，於是就沿著淝水西岸部署部隊，想阻止晉軍的進攻。謝玄看到秦軍這樣部署部隊，就想出一個激將法。他安排使者對苻融說：「大將軍親自統兵深入我國腹地，但是您卻沿著淝水排兵布陣，看來您是想和我們打持久戰，並不是想速戰速決。我有個建議，您可以讓秦軍往後撤一點兒，為我們騰一點地方，讓我們渡過淝水，兩軍痛痛快快地打一場，決個勝負，這豈不更好嗎？」秦軍眾位將領聽後紛紛表示：「我們有這麼多兵，他們兵少，我們把渡口堵住，讓他們難以上岸，這麼一來我們就可以保證絕對安全。」苻融想出一招更厲害的方法，他說：「我們可以後退，讓他們渡河，但是不讓他們全部渡過來，當他們只渡一半時，我們可以派我們的騎兵衝殺過去，一定可以把他們消滅掉。」眾大臣紛紛表示同意。於是，苻融就接受了謝玄的提議，命令部隊往後撤退。

事實上，苻融此舉並不明智，因為初戰失利，秦軍士氣低落，這時貿然撤退，結果導致軍隊混亂，根本沒能及時阻止晉軍渡河。東晉軍隊趁亂搶渡淝水，對秦軍展開猛烈攻擊。與此同時，東晉降將朱序在秦軍陣後大聲喊道：「秦軍敗了！秦軍敗了！」秦軍後續部隊聽到後，也不明真相，誤以為己方戰敗了，於是爭相逃命。秦軍陣勢大亂，苻融見狀，很是緊張，他本想好好整頓退卻的士兵，卻無法制止，連自己的戰馬也被亂軍衝倒在地。苻融被絆倒在地上，來不及逃跑，被後面追上來的晉軍殺死了。秦軍全線潰退，將士們四散逃命，完全喪失了戰鬥力。東晉大將謝玄指揮晉軍趁機展開猛烈攻擊，一直殺到青岡（安徽壽縣境內）。秦軍人馬亂作一團，互相踐踏，屍橫遍野，大部分被殲滅。連苻堅也被亂箭射傷，最後單槍匹馬逃回洛陽。

淝水之戰以東晉方面的勝利告終，使東晉王朝暫時得以擺脫亡國的危險。同時也遏制住了北方少數民族的南下侵擾，為江南地區經濟和社會的穩定奠定了基礎。這一戰也大大削弱了前秦的國力，而前秦的失敗也使北方再次進入混戰狀態，慕容垂、姚萇等少數民族勢力得以從前秦政權的壓制下解脫出來，舉起反抗前秦的大旗，從根本上瓦解了前秦的統治。苻堅本人也在北方的變亂中被亂軍殺死，雄極一時的前秦不復存在了。

從這個戰例中可以看出，苻堅的失敗和東晉的勝利並不是偶然的。就〈計篇〉而論，苻堅不按「五事」、「七計」的原則行事，憑主觀意願行事，終遭兵敗身死的下場。東晉方面君臣民上下一心，天時、地利、人和樣樣占全，完全合乎〈計篇〉的要求，獲得勝利是必然的。

商業篇：本田宗一郎的統觀策略

縱觀全域，才可運籌帷幄，無論《孫子兵法》中講的「慎戰」、「五事」、「七計」還是「出奇制勝」，都是在掌握大局的情況下做到的。有了宏觀的視野，方向自然可以把握得更加準確。本田宗一郎在他的「本田王國」中，就是採取統籌策略，把握全域，運籌帷幄的。

本田宗一郎是世界上最大的摩托車生產企業——本田公司的開創者，因此他被人們稱為「日本摩托車之父」。

本田創業之初，正值日本戰敗，國內呈現一片淒涼之境，人們首先要解決的就是生計問題。因為當時糧食緊缺，為了買到一點糧食，人們不惜四處奔走。日本是一個多丘陵山地的國家，人們要推著自行車，翻山越嶺，出行極為不方便。這個時候，本田心想：「如果給自行車裝一臺小馬達，走起路來就不用這麼費力了。」本田把一種小型馬達加以改造，用暖壺作油箱，把自行車改造為「機器腳踏車」，推向市場後，大為走俏。這次成功讓本田信心大增，並毅然選擇了摩托車製造作為自己的事業。

本田深知，日本是個島國，地方狹小，摩托車銷售量始終有限，要想發展摩托車事業就必須將自己的產品打出國門，讓它走向世界。正當本田雄心十足地要將自己的產品打入英國的時候，發生了一件讓本田大吃一驚的事。原來本田去參觀英國人的摩托車廠和倫敦舉辦的馬恩島摩托車大賽時，發現人家的摩托車已達三十六馬力，而日本最好的摩托車也只有十三馬力。人家的馬力竟然比自己的強了一倍，這讓本田心中深感慚愧。為彌補自己的不足，他大量購買了當時最先進的摩托車零件，後又繞道去法國、義大利等摩托車製造業發達的國家參觀。回國後，本田投入巨額資金，組織技術人員研究開發新型發動機。

就這樣，本田在國內潛心研究了五年，果然見了成效，他帶著自己得意的摩托車參加比賽，獲得了不俗的成績，摩托車年銷售也突破了十萬輛大關。正當世人為本田取得的成績讚歎的時候，本田卻冷靜地從成功中看到潛在的危機。他說：「無論如何，必須更新設備。如果不能擁有世界一流水準的設備，就不能擁有世界一流的產品，就不得不把市場讓給其他世界一流的產品。」於是，本田做出了一個大膽的決定。

當時，本田公司的資本只有一千五百萬日圓，但是本田卻從美國、西德、瑞典等國購入了價值四億五千萬億日圓的機器設備，更新了全部的陳舊設備。對此，周圍的人都很不理解，但本田心中有自己的想法。在他看來，引入這些先進設備，企業也許會因無力支付款項而倒閉。但這只是也許，如果現在不引入先進設備，企業是肯定會倒閉的，所以要居安思危，跳開之前的固有觀念和模式，賭上一次。如果這條路是正確的，那將會給企業帶來更大的轉機。

事實證明本田是正確的，先進的設備使本田公司如虎添翼。其產品的品質和數量都有了飛躍發展，特別是新開發的幾種型號，操作簡易，性能優越，深得各國摩托車愛好者的青睞，為本田公司創造了巨額利潤。

本田的夢想還不止於此，除了要在摩托車領域占據龍頭老大的位置外，他還想涉足汽車業，但事實上汽車業遠比摩托車業難得多。一九六三年，本田在汽車製造業上起步。當時的汽車格局是：日本的豐田、日產以及美國的福特在日本市場形成三足鼎立的局面。三大巨頭把本田壓得死死的，如果硬碰硬，本田很難在汽車領域分得一杯羹。

針對這種情況，勤於思索的本田宗一郎採取了一個非常取巧的經營謀略，他選擇避實擊虛，避開這些公司的長處，專攻他們的短處，希望以此作為突破口，打開一個新的局面。

本田發現豐田以轎車和普通車為優勢，福特靠大型車稱雄。針對這些情況，本田決定主打價廉、省油、低公害的輕型轎車，以此來作為自己的經營方向。

事實再次證明，本田又做出了一個非常正確的經營策略。

恰逢此時，美國修訂了《淨化空氣法案》，一九七三年又正值世界石油危機降臨，本田抓住這一機遇，生產了節能省油的小汽車，一經上市立刻成為日本市場的搶手貨，一舉占領豐田、日產的部分轎車市場，成為日本汽車製造業的老三。進而，又乘勢攻入美國市場。因為本田的產品在美國市場大受歡迎，本田本人受到了美國機械工程學會的嘉獎，獲頒「亨利獎章」，使他成為世界汽車工程師獲此獎章的第二人。第一人是亨利・福特，美國人因此叫他「日本的福特」。

在這個例子中充分體現了〈計篇〉的謀略，在本田的創業經歷裡，本田一直很注重對整體大局的把握。他抓住了企業經營中的幾個關鍵因素，採取了正確的經營策略，把握住了關鍵的發展時機，找到了適應的客觀環境，再加上本田出色的經管能力，使本田順利地從摩托車生產進入汽車生產領域，為公司日後的強大打下了良好的基礎。

任何一個成功的企業家都必須具有這樣超時空的前瞻性思維，把握「面向未來」的經營策略，善於對市場進行深入的研究、縝密的推斷和科學的分析，只有這樣才能永遠走在時代潮流和同行的前面。一直以來，本田善於從多個方面來對企業以及企業所在的大環境進行分析研究。通過這些分析，本田不僅充分瞭解到市場大的脈絡走向，而且也充分瞭解了消費者的需求，選擇出了適當的市場目標，根據天時、地利、人和以及各方面因素，科學合理地制定市場行銷策略。只有統觀全域做好每一個細節，才能在最後取得全域性的勝利，這就是孫子所說的「五事七計」。

要使「攻其無備，出其不意」奏效，行動上必須要搶在對方謀劃的前頭。本田在開拓美國汽車市場時所做的一切，正印證了這八個字。在現代社會中，經濟領域的競爭，可以說比軍事和政治領域的鬥爭更為激烈、更為複雜、更為危險、更為殘酷無情，因此高明的企業家都具備「算在人先」的謀略。只有事先做好充分而周密的準備，深思熟慮，反覆推敲，打有準備之仗，永遠掌握主動，才能使企業百戰不殆、遊刃有餘。

〈作戰篇〉

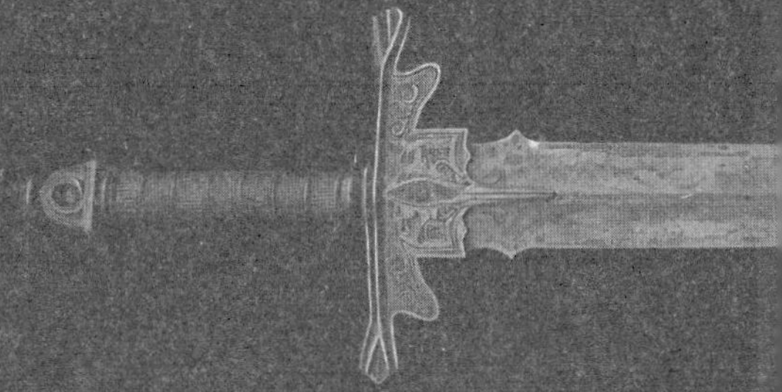

【原典】

孫子曰：凡用兵之法，馳車千駟[一]，革車[二]千乘，帶甲[三]十萬，千里饋糧[四]，則內外之費，賓客之用，膠漆之材[五]，車甲之奉[六]，日費千金[七]，然後十萬之師舉矣。

其[八]用戰也貴勝，久則鈍兵挫銳[九]，攻城則力屈，久暴師則國用不足[一〇]。夫鈍兵挫銳，屈力[一一]殫貨[一二]，則諸侯乘其弊[一三]而起，雖有智者，不能善其後矣。故兵聞拙速，未睹巧之久也[一四]。夫兵久而國利者，未之有也[一五]。故不盡知用兵之害者，則不能盡知用兵之利也。

善用兵者，役不再籍[一六]，糧不三載[一七]；取用於國，因糧於敵[一八]，故軍食可足也。

國之貧於師者遠輸[一九]，遠輸則百姓貧。近於師者[二〇]貴賣，貴賣則百姓財竭，財竭則急於丘役[二一]。力屈、財殫，中原內虛於家[二二]。百姓之費，十去其七；公家之費，破車、罷馬[二三]，甲冑、矢弩[二四]，戟楯、蔽櫓[二五]，丘牛、大車[二六]，十去其六。

故智將務[二七]食於敵。食敵一鍾[二八]，當吾二十鍾；萁稈[二九]一石[三〇]，當吾二十石。

故殺敵者，怒也；取敵之利者，貨也[三一]。故車戰得車十乘以上，賞其先得者，而更其旌旗，車雜[三二]而乘之，卒善而養之[三三]，是謂勝敵而益強[三四]。

故兵貴勝，不貴久[三五]。

故知兵之將三六，生民之司命三七，國家安危之主三八也。

【注釋】

一、馳車千駟：戰車千輛。駟：原指駕一輛車的四匹馬，這裡作為量詞。馳車：中國古代作戰時用的一種大型戰車，駕馭的時候速度很快，因此又稱快車或輕車。馳車千駟是說套四匹馬的輕型戰車上千輛，泛指戰車眾多。

二、革車：中國古代作戰時用的一種用皮革縫製的篷車，是專門用來運輸糧食、器械等各種軍需品的，又稱之為輜重車。

三、帶甲：穿戴盔甲的士卒，這裡泛指軍隊。

四、饋糧：運送糧食。饋：原意是饋送，這裡是運輸的意思。

五、膠漆之材：古代弓箭甲盾製作和保養必須的膠和漆，這裡泛指所有製造與維修作戰器械的物資材料。

六、車甲之奉：千里行軍車甲修繕的花費。奉：供給、補充。

七、日費千金：每一天都要花費大量的錢財。

八、其：代詞，代指上段的十萬之師。

九、鈍兵挫銳：兵器鈍壞，銳氣受挫。這裡是說因為軍隊長期在外，導致軍隊疲憊，士氣受挫。

一〇、國用不足：國家財力難以維繫。

一一、屈力：軍隊力量消耗，喪失銳氣。

一二、殫貨：指物資耗盡。殫：竭盡。貨：物資。

一三、乘其弊：趁著兵疲氣沮、財力枯竭的時候。弊：弊端、弱點。

一四、兵聞拙速，未睹巧之久也：用兵打仗只聽說哪怕指揮笨拙也要追求速勝的，沒聽說過追求技巧而久拖戰事的。

一五、兵久而國利者，未之有也：長期用兵而有利於國家的情況，是沒有出現過的。

一六、役不再籍：不再按名冊繼續徵發兵役。役：兵役。籍：名冊，這裡作動詞，指徵兵。

一七、糧不三載：徵收糧食不超過三次。三：三次，這裡指多次。載：運載、運送。曹操注云：「始載糧，後遂因食於敵，還兵入國，不復以糧迎之。」指出征時，第一次運糧到敵境，以後就因糧於敵，等到軍隊得勝回國時，再運第二次糧食到國境迎接，不做第三次的運糧。

一八、因糧於敵：從敵國那裡取得糧食。

一九、國之貧於師者遠輸：國家因為軍隊出動而貧困的原因是遠途運輸。師：軍隊。遠：遠端運輸。

二〇、近於師者：軍隊駐地附近。

二一、丘役：按丘徵集役賦。丘：春秋時期，丘為徵收軍賦的基層單位。

二二、中原內虛於家：國內的百姓家家貧困不堪。中原：泛指國內。內虛：內部空虛。家：家庭。

二三、罷馬：疲病的戰馬。罷：通「疲」，疲憊。

二四、甲冑、矢弩：泛指裝備戰具。甲：護身的鎧甲。冑：頭盔。弩，用機括發箭的弓。

二五、戟楯、蔽櫓：同上文的甲冑矢弩一樣，也泛指裝備戰具。戟：古代合戈矛為一體的兵器。楯：盾牌。蔽櫓：古代戰車上用於防衛的大型盾牌。

二六、丘牛、大車：指牛拉的輜重車輛。

二七、務：追求，務求。

二八、鍾：中國古代的一種容量單位，一鍾等於六十四斗。

二九、萁稈：豆秸。稈：禾莖，在這指牛馬食用的草料。

三〇、石：中國古代的一種重量單位，一石等於十斗。

三一、取敵之利者，貨也：想奪取敵軍的資財，就要用實物獎賞士卒。

三二、雜：混雜，混編。

三三、卒善而養之：善待被俘的敵軍，給以食物供養。

三四、勝敵而益強：戰勝敵人而使自己更加強大。

三五、兵貴勝，不貴久：用兵作戰強調的是取得勝利，而不是強調曠日持久。

三六、知兵之將：懂得用兵的將帥。

三七、司命：原意是古星名，這裡借喻為命運的掌握者。
三八、主：主宰。

【譯文】

孫子說：大凡用兵作戰，一般的規律是要動用戰車千輛，輜重車千輛，甲兵十萬，還要運送軍糧至千里；裡裡外外的費用，招待使節、賓客的費用；製造和維修作戰器材的物資，車輛兵甲保養的花消；每天都需要花費大量的資金，然後，十萬大軍才能出動。

動用這樣龐大的軍隊作戰，就必須求速勝。曠日持久作戰會導致軍隊疲憊，銳氣受挫；攻打城池就會讓軍隊戰鬥力耗盡；軍隊長期在外作戰，就會使國家財力難以為繼。如果軍隊疲憊，銳氣受挫，戰鬥力耗盡，國家經濟枯竭，那麼，別的諸侯國就會乘機而發起進攻。到那時，即使有再高明能幹的人，也無法挽回危險的局面了。所以，用兵打仗只聽說哪怕指揮笨拙也要追求速勝的，沒聽說過追求技巧而久拖戰事的。戰事拖得太久而對國家有利的時候，是從來沒有出現過的。因此，不完全瞭解用兵之害的人，也就不可能真正認識到用兵之利。

善於用兵的人，士兵不會再次徵集，糧草不會多次運送。武器裝備是國內運去的，糧食飼料則在敵國補充，這樣，軍隊的糧草供應就可以十分充足了。

國家因行軍打仗而導致貧困的一個原因，是要遠端運送物資。遠端運輸必然使得百姓貧窮。軍隊駐地附近，物價必然高漲，物價一高漲就會使得國家財力枯竭。國家財力一枯竭，就必然會增加徭役賦稅的徵用。軍力耗盡，財力枯竭，國內便會出現十室九空的貧窮景象。人民群眾的財產，將因戰爭而耗去十分之七；國家的財富，也會由於車輛的損壞，馬匹的疲病，盔甲服裝、箭羽弓弩、槍戟盾牌、車蔽大櫓的製作，輜重車輛的徵調，而耗去十分之六。

所以，高明的將帥總是務求在敵國解決糧草的供應問題。得到敵國一鍾糧食，相當於從本國運送二十鍾糧食；耗費敵國的一石草料，相當從本國運送二十石草料。

要想讓士兵英勇殺敵，就必須激起他們對敵人的仇恨；要想奪取敵人的軍需物資，就要先對士卒進行物質獎勵。所以，在車戰中，凡是繳獲敵人戰車十輛以上的，就要先把獎勵給他，並且將被繳敵車換上我軍的旗幟，編入自己的戰車行列。要善待被俘虜的敵軍士卒，給予充足的供養，這就是所說的戰勝了敵人，也使自己變得更加強大。

用兵打仗重要的是速戰速決，而不要曠日持久地作戰。

懂得用兵之道的將帥，是人們生死的掌握者，是關係國家安危最重要的角色。

【名家注解】

東漢．曹操：「欲戰必先算其費務，因糧於敵也。」

唐．李筌：「先定計，然後修戰具，是以〈戰〉次〈計〉之篇也。」

宋．王晳：「計以知勝，然後興戰，而具軍費猶不可以久也。」

宋．張預：「計算已定，然後完車馬，利器械，運糧草，約費用，以作戰備，故次〈計〉。」

【解讀】

「作」，有「製造」「興起」的意思。「作戰」在這裡並非指一般意義上的戰爭，而是說為戰爭做的準備，指戰爭開始之前的籌劃發動，當屬於「未戰而廟算」的範疇。

本篇繼〈計篇〉而來，在「慎戰論」的指導下，分析戰爭對經濟的依賴關係及其破壞力（「用兵之害」），從而提出了著名的「速戰論」思想（「兵貴勝，不貴久」），力求在敵國就地解決給養（「因糧於敵」）的戰略原則和以戰養戰（「勝敵而益強」）的具體方法。在邏輯思路上是〈計篇〉「五事七計」的延續擴展，但考察分析的重點轉移到了經濟領域，是孫子樸素唯物論精神的具體體現。

戰爭，在某種程度上是敵對政治集團之間經濟實力的較量。奧地利名將莫德古古里曾說過：「作戰的第一要素是錢，第二要素是錢，第三要素還是錢。」話說得有些偏激，但道理卻是對的。當今世界上，美國與以其為首的「北約」軍事集團，對不聽話的國家和政治力量，動輒便以武力相威脅，施以「軍事打擊」，一個重要的原因就是他們有著雄厚的經濟實力做後盾，拿得出也花得起支撐現代化戰爭的昂貴軍費。二千五百年前的孫子已經清醒地認識到了這一點，十分了不起。

孫子以動用十萬之師為例，具體分析了用兵打仗對人力、物力、財力的消耗。戰前準備階段，從士卒的招募、訓練，到武器、裝備的製造，從內政、外交的開支，到後勤供應的費用，每天都要耗費數目巨大的資金（「日費千金」）；戰爭進行中，武器、裝備的維修補充，糧草及其他戰爭物資的遠端運輸，還需要大量的經費（「百姓之費，十去其七」、「公家之費，十去其六」）。如果沒有強大的經濟實力或者沒有做好財力、物力的充分準備，當權者絕不可輕言用兵。俗語云：「兵馬未動，糧草先行。」物質條件是戰爭的先決條件。

孫子的時代，發動戰爭（或被迫參與戰爭）都是為了謀求（或維護）一定的利益，通過戰爭而擴充疆土、鞏固政權、占有資源、擄掠財物，或者爭得有利地位、掌握主動權等，是有利可圖的。戰爭勢必會造成人員的傷亡、財力的消耗，必然破壞經濟，久戰不決更會增加賦役，影響人民的正常生產和生活，最終導致國力枯竭、人民貧困，國運將難以為繼。同時，持久用兵造成的不利局面，將為別的諸侯國提供乘虛而入的可趁之機，到那時，局面就很難收拾了。因此，用兵者僅僅看到戰爭的好處是不夠的，更應該十分清醒地認識到戰爭的害處，並將有害的方面降低到最小的程度，從而使戰爭的好處增加到最大的可能。要達到「增利減害」的目的，關鍵是爭取速戰速勝，而不宜久拖不決。這裡，對戰爭利害的認識，閃耀著樸素的辯證法的思想光輝，「速勝論」體現了孫子務實重利的樸素唯物論的思想特點。

需要說明的是，孫子極力宣導「速勝論」，是從進攻一方的角度而言的，〈作戰篇〉從始至終說的都是在境外對敵國實行戰略進攻，並沒有包括在戰略防禦中應該採取的相應策略。因此，實行戰略防禦的一方，無疑可以採取持久抗擊的戰術，切不可急於求成；而實行戰略進攻的一方，主張速戰速決，反對曠日持久，無疑是最好的選擇，無可非議。孫子本人指揮的吳軍破楚入郢的戰鬥，就是速戰速決的很好範例。吳軍在孫子指揮下，長驅深入楚地數千里，迂迴至楚軍背後由北而南攻擊郢都，出其不意，突然襲擊，很快取得勝利，結束了戰鬥。然而此戰鬥隱含著極大的冒險成分。後世軍事家指出，如果當時楚軍及時封鎖北部的三關要塞，吳軍將處於前後夾擊、腹背受敵的被動地位。孫子儘管成功了，但戰術運用並不穩妥，因此「兵貴神速」，是孫子此戰得勝的主要因素。

基於速戰速勝的原則和對戰爭破壞經濟生產的深刻認識，孫子進而對用兵者提出了兩點要求：一是從戰略上講，努力使戰爭不要持久延續，「役不再籍，糧不三載」，以免造成財力枯竭、賦役加重、民不聊生的局面；二是從策略上講，重視從敵國就地解決糧食供應和軍需補充，「以戰養戰」，最大限度地減少本國經濟實力的消耗。

「以戰養戰」是孫子軍事謀略中極具光彩的重要原則之一，是戰爭勝利的有效保證。「因糧於敵」，在敵國解決糧草供應，不僅可以減輕本國經濟負擔，而且還消耗了敵國的財富資源，實際效益遠遠超過了糧草本身。「食敵一鍾，當吾二十鍾；萁稈一石，當吾二十石」，孫子在這裡作了一個一比二十的效益計算，充分說明「因糧於敵」的重要。事實上，有史以來交戰國都重視「因糧於敵」原則的運用和變化。俄國實行全面堅壁清野，使遠征到達莫斯科城下的拿破崙無法「因糧於敵」，終於在飢寒交迫中敗退而去。這一戰例從反面證明了「因糧於敵」的重要性。

另外，強調重視從敵軍中補充武器和兵員，化敵用為我用。鼓勵士兵奪取敵人戰車，用以武裝自己；優待被俘的敵軍士兵，不斷補充自己的兵員。這樣做，在補充自己的同時更削弱了敵人的戰鬥力，其效益與「因糧於敵」等同，甚至更大，因為優待俘虜還能產生瓦解敵人軍心的作用。「以戰養戰」原則的正確運用，可以造成越戰越勝、越勝越強、越強則越勝的態勢，形成良性循環而確保勝利。

「兵貴勝，而不貴久」，是基於戰爭對經濟力量的依賴和戰爭利害關係的分析而得出的必然結論。然而，真正要做到「速勝速決」，成功地實施「以戰養戰」，實現「勝敵而益強」，關鍵的因素在於領兵打仗的將帥。沒有深知用兵的利害、正確執行既定方針的將帥，不僅不能速勝速決，反而有可能造成危局，使國家人民遭受巨大災難。因此，孫子最後特別強調了將帥的作用，「民之司命，國家安危之主也」。這在「五事七計」強調將帥「五德」和才能的基礎上，有了新的拓展，使戰前的準備更為周密圓滿。因此單從為文立言的角度而論，〈作戰篇〉也是十分精彩的。

【案例】

軍事篇：北魏拓跋燾滅夏

〈作戰篇〉中，孫子提出打仗講求的是一擊必勝，速戰速決，尤其是歷經遠途去攻打其他國家的時候，糧草不如敵國充足，士兵也因為長途跋涉而感到疲憊，所以唯有立刻進攻，方可得勝。一則敵方看我方歷經千里來到自己的城下，認為我方必會身心疲憊，無心戀戰，因而輕視我們，掉以輕心。再者，趁著我方糧草充足，在兵臨敵城的時候，鼓勵士兵們帶著決一死戰的信念，衝向敵營，部隊士氣便會空前高漲，作戰時也會格外英勇。這樣的話，獲得勝利是不難的事情。在統萬城之戰中，就是因為魏主拓跋燾勇敢果斷，親帥三萬騎兵直逼夏國統萬城下，迅速出兵，掌握時機，一擊得勝，而大夏自大輕敵，作戰失策，由此亡國。

北魏與大夏統萬城之戰，發生於中國歷史上東晉十六國時期。西晉滅亡之後，中華大地出現了割據分裂的局面。當時，南方為東晉政權統治，而北方則出現了眾多由匈奴、鮮卑、羯、氐、羌等少數民族，以及漢族貴族建立的獨立割據政權。北魏與大夏便是眾多割據政權中的兩個較為強大的少數民族政權。

西元三八六年，鮮卑族拓跋珪建立了北魏政權，由於北魏統治者能夠接受漢族的先進技術與文化，吸收中原先進的文化和生產知識，重用漢族地主階級知識份子，重視發展農業生產，注意軍事與生產雙管齊下，穩定其統治範圍內的政治經濟，因而漸漸強大起來。

那時，後燕是當時黃河流域最強大的國家，北魏則處於後燕勢力的包圍之中，北魏通過與後燕的多次艱苦作戰，削弱了後燕的勢力。西元三九六年，北魏攻占了後燕重鎮晉陽、常山、信都、中山，給後燕以近乎毀滅性的打擊。不久，後燕滅亡。北魏發展成為當時北方一個較強的割據政權。

強大起來的北魏，在將自己的勢力向南擴展的同時，也開始著手統一北方。發生於西元四二七年的北魏與大夏國統萬城之戰，就是北魏為統一北方而發動的。

大夏國建立於西元四〇七年。當時，北方已有南燕、後燕、北燕、北涼、北魏、後秦等獨立的割據政權。夏主赫連勃勃是匈奴族人，在建國之前，曾經投奔後秦的高平公破多羅沒弈於（鮮卑族），謀得後秦驍騎將軍的官職，並被破多羅沒弈於招為女婿。後來，赫連勃勃在高平打獵時，設計襲殺了岳父破多羅沒弈於，把破多羅沒弈於的領地及部屬併入了自己的勢力，並在此基礎上建立了大夏國。

赫連勃勃建國後，沒有將高平作為自己的根據地，而是以流動襲擊的辦法蠶食後秦疆土，不斷擴大自己的統治範圍。不久，東晉劉裕滅了後秦，赫連勃勃趁勢占領後秦嶺北鎮戍郡，奪取長安。在較強的軍事力量支援下，赫連勃勃的統治得到了鞏固與發展，成為北魏的勁敵，阻礙著北魏對西北地方的統一。

赫連勃勃在其統治得到鞏固、疆土漸漸擴大的基礎上，決定將國都定在統萬城。西元四一三年，赫連勃勃徵用嶺北胡漢各族十萬人民修築都城統萬城。他驅使人們用蒸熟的土築城，築成後他用鐵錐刺土，如果刺進一寸，就殺掉築城的人。在他的暴力與高壓下，統萬城築成後非常堅固，其「城高十仞，基厚三十步，上廣十步，宮牆五仞，其堅可以礪刀斧」。赫連勃勃妄圖以堅城抵擋外族侵略，使其殘暴的統治得以延續。

西元四二五年八月，夏主赫連勃勃病死，諸子爭位，互相攻戰。次年，赫連昌爭取到王位繼承權，但此時大夏內部矛盾更為尖銳，北魏便乘此機會發動了滅夏之戰。

西元四二六年九月，北魏主拓跋燾命大將奚斤率兵五萬，攻夏之蒲坂（今山西濟西），進而襲擊關中、長安（今陝西西安）；自己親率騎兵二萬出魏都平城（今山西大同市），渡黃河襲擊統萬城。夏主赫連昌率軍迎擊，戰敗退回城內固守，魏軍分兵四處擄掠，驅牛馬十餘萬，擄夏居民萬人而歸，作了一次試探性的戰略進攻。

這年十二月，奚斤率魏國南路軍奪取了長安。次年一月，赫連昌派其弟赫連定領兵二萬南下，企圖奪回長安恢復關中，結果兩軍相持在長安附近。魏主拓跋燾乘夏軍兵力被牽制在關中的有利時機，決定動用近十萬大軍再次襲擊統萬城。

五月，拓跋燾率軍西進，以三萬騎兵為前驅，三萬步兵為後繼，三萬步兵運送攻城器具。北魏軍從君子津過黃河，至拔鄰山（今內蒙杭錦旗境內）築城休整，原附屬於夏的今內蒙南部與陝北地區各游牧民族首領都紛紛降於北魏。這時，北魏主拓跋燾忽然改變步、騎兵齊進的原進軍計畫，決定率輕騎三萬以最快的速度直抵統萬城，然後誘敵出戰，將敵人消滅。

對這一決定，拓跋燾部下有所不解，他們認為：統萬城堅固異常，夏軍必定固守城內，三萬騎兵先驅到達根本無法攻破堅城；最好還是等步兵到達後，帶上攻城器具，再去攻打。

拓跋燾解釋說：「用兵攻城，在軍事上是下策，是不得已才用的辦法。現在若等步兵、攻城器具都齊備了再去攻城，敵軍見我勢眾，必然據城固守，不敢出戰。我軍攻城不下，曠日持久，必定糧盡兵疲，城外沒有可供擄掠的東西，勢必陷入進退兩難的不利境地，因此不如現在以輕騎直抵城下，敵人見我軍步兵未到，必然意志鬆懈，我們再以疲弱示之，誘其出戰，必能一舉殲敵。再則我軍離家兩千餘里，又隔著黃河，糧草運輸困難，所以只適合採取輕騎決戰，以爭取速勝。以現有的三萬騎兵攻城，當然力量不足，但是用於決戰，則綽綽有餘。」拓跋燾說服了部隊，遂督軍前進。

六月，魏軍行至統萬城。拓跋燾將大部隊隱蔽在統萬城北邊的山丘深谷中，以少數兵力至城下挑戰。夏軍堅守城池不與北魏軍決戰。這時，夏軍一將領狄子玉前來投降魏軍，洩露了夏軍的作戰意圖：夏主赫連昌已派人調赫連定回援，而赫連定認為統萬城非常堅固，魏軍短時期不可能攻克，他打算在長安打敗奚斤以後，再回援統萬城，對北魏軍形成內外夾擊，將魏軍一舉殲滅。因此，夏主赫連昌採取了固守待援的方針。

此時，恰巧魏軍有一名犯了罪的士兵逃到了夏軍內，告訴夏軍說：「魏軍糧草已盡，輜重在後，步兵也沒有到達，應該迅速出擊攻打魏軍。」赫連昌聽了此話，深信不疑，於是親率步騎三萬出城迎戰。

拓跋燾見敵軍出城迎戰，喜不自禁。為誘夏軍深入並助長其驕氣，魏軍向西北方向佯作退卻。夏軍見敵人敗退，便出城追擊北魏軍。

這時，天氣突變，驟然刮起東南大風，飛沙滿天，雨隨風至，夏軍利用順風追擊，趁勢猛攻魏軍，形勢對魏軍很不利，但拓跋燾堅定地指揮作戰。他除派兵正面迎擊敵軍外，又將騎兵分為左右兩隊，繞道截斷夏軍後路，從背後順風向夏軍發起反擊，將不利變為有利。激戰中，拓跋燾身先士卒，雖身中飛箭，仍帶傷奮勇殺敵。在魏軍前後攻擊、拼死力戰下，夏軍被殺一萬餘人。大勢已去的赫連昌來不及回城，率殘部逃往上邽（今甘肅天水市），北魏軍乘勝攻破統萬城。

這時，赫連定也沒能攻下長安，聽說統萬城失守也退逃至上邽。北魏軍取得了統萬城之戰的最後勝利。

不久，北魏軍進軍上邽，夏國滅亡。

在這次戰爭中，鮮卑族北魏主拓跋燾對於孫子「兵貴勝，不貴久」的作戰思想有著較深刻的理解，作戰指揮果斷靈活，避免陷入曠日持久、進退兩難的境地，較好地完成了這次攻堅戰，推動了北方由分裂走向統一的進程。

商業篇：李嘉誠「神速」贏大利

戰場上求速度，快速出擊，才能快速得勝。其實不止在戰場，在商場也是同樣的道理，試看商戰中的獲勝者，哪個不是做起事來雷厲風行的，他們正是憑藉著敏銳的觀察力和快速的行動，才創造了成功的奇蹟。著名的香港商人李嘉誠先生一貫以穩健著稱，但在必要的時候，他也是個充滿激情快速決斷的能手。

李嘉誠成立長江公司之後，為打開市場，他讓公司設計出印製精美的產品廣告畫冊，然後他通過港府有關機構和民間商會瞭解到北美各貿易公司的地址，將產品廣告畫冊一一寄了過去。

果然沒多久，就有了回饋。北美最大的貿易商之一——S生活用品貿易公司收到李嘉誠寄去的畫冊後，對長江公司的塑膠花樣品頗感興趣，決定派採購部經理前往香港，以便「選擇樣品，考察工廠，洽談進貨」。

李嘉誠收到來函，立即與美方取得聯繫，表示「歡迎貴公司來港參觀、洽談、選購」。交談中，對方簡單詢問了香港塑膠業的幾個大廠家，並提出要求：一週之後，就前來參觀，若有時間，還希望李先生陪同他們的人走訪其他幾個塑膠廠。

S公司的言下之意很明顯，意思是他們將會考察香港整個塑膠行，再從中選一家或幾家作為長期合作夥伴。也就是說，合作的機會並非給長江一家。

李嘉誠知道這家公司是當時北美最大的生活用品貿易公司，銷售網遍布美國、加拿大。所以這一次，他下定決心要贏得這個合作機會，不僅要贏得合作的機會，他還要讓長江公司成為北美S公司在港的獨家供應商。

李嘉誠深知自己產品的品質是全港一流的，但論資金實力、生產規模，卻不敢在全港同業中稱老大。在以往與歐美批發商做交易的經歷中，李嘉誠知道外商很看重公司的生產規模，就因為自己資金缺乏，生產規模有限，所以許多業務都落空了。

在香港有數家實力雄厚的大型塑膠公司，單看工廠的外貌就令人肅然起敬。長江公司的工廠格局，還未擺脫小作坊式的模樣，不論生產規模還是工廠的外貌，都會給來自先進工業國家的外商一個不好的印象。

時間只有短暫的一週，李嘉誠召開公司高層會議，宣布了令人驚愕而振奮的計畫：必須在一週之內，將塑膠花生產規模擴大到令外商滿意的程度。

這似乎是不可能的，但李嘉誠要把不可能變為可能。這一年，李嘉誠正在北角籌建一座工業大廈，原計畫建成後，留兩套標準廠房自用。現在，他必須另租別人的廠房應急。為了搶時間，他委託房產經紀商代租廠房，李嘉誠看過位於北角最繁盛的工業大廈後，當即拍板租下一套標準廠房，占地約一萬平方英尺。遷廠擴充規模所需要的資金，除小部分自籌外，大部分是他以籌建工業大廈的地產作抵押從銀行貸的款。

這是李嘉誠一生中最大、最倉促的冒險，他孤注一擲，幾乎是拿多年營建的事業來賭博。李嘉誠一生作風穩健，可這一次，他別無選擇，要麼徹底放棄，要麼全力以赴。有過企業經營經歷的人可以想像出，一週之內形成一個全新規模的企業難度有多大。舊廠房的退租，可用設備的搬遷，購置新設備，新廠房的承租改建，設備安裝調試，新聘工人的培訓及作業，工廠進入正常運行……都得在一週內完成，哪一道環節出問題，都有可能使整個計畫前功盡棄。

但是，對於一個決策者來說，一旦看準了的項目就要勇於投入。此刻的李嘉誠，不但具有冒險的勇氣，更具有充沛的熱情和快速的行動。

李嘉誠和全體員工一起奮鬥了七個晝夜，每天只有三四個小時的睡眠。李嘉誠緊張而不慌亂，哪組人該幹什麼，哪些工作由誰負責，每一天的工作進度如何等等，全在排程表中標得清清楚楚。就這一點，可見李嘉誠的冒險並非草率行事。

S公司購貨部經理到達那天，設備剛剛調試完畢，李嘉誠把全員生產的事交予副手負責，自己親自駕車到啟德機場接客人。港島與九龍，隔著一道稱之為維多利亞港的海峽，那時還沒有海底隧道，港島九龍的汽車一般不流通。李嘉誠為了表示誠意，驅車乘輪渡過海去機場接人。

李嘉誠已為外商在港島希爾頓酒店預定了房間。在回程的路上，李嘉誠問外商：「是先住下休息，還是先去參觀工廠？」這一方面是表示誠意，另一方面也是為了拖延時間，能夠讓公司有再多一點時間進行準備，畢竟一週的時間實在是太短了。

可是，外商也是一個高效率的人，他不假思索地答道：「當然是先參觀工廠。」李嘉誠不得不調轉車頭，朝公司方向駛去。他心中忐忑不安，全員就位生產會不會出問題？汽車駛進工業大廈，李嘉誠停下車為美商開門，聽到熟悉的機器聲響以及塑膠氣味，李嘉誠心裡才踏實下來。

外商在李嘉誠的帶領下，參觀了全部生產過程和樣品陳列室，由衷稱讚道：「李先生，我在動身前認真看了你的宣傳畫冊，知道你有一家不小的廠房還擁有先進的設備，但沒想到你們的規模竟然這麼大，這麼現代化，實在出乎我的意料，你們的生產管理也是這麼井然有序。我並不想恭維你，但我必須要說，你的工廠完全可以與歐美的同類企業媲美！」

李嘉誠說道：「感謝你對本工廠的讚譽。我可以向你保證我們的產品品質和交貨期限。你已經看過我們的報價單，如果長期購貨且購貨批量大的話，價格還可以再談。總之產品的品質和交貨期問題，請你們絕對放心。」

「好，我們現在就可以簽合同。」美國人性情直爽。

李嘉誠一生對商業充滿熱情，早年他在香港商界全力打拚，如今雖然功成名就，仍然勤勉工作，奮進不息。他對時機的勇敢把握，造就了他事業上的成功起步，為他後來富甲天下打下了堅實基礎。

這個事例充分說明了商場如同戰場一樣，只有「兵貴神速」才能取得勝利，贏得商機。

〈謀攻篇〉

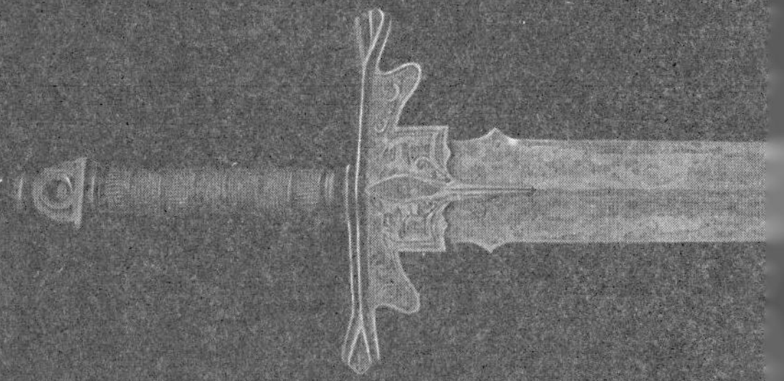

【原典】

孫子曰：凡用兵之法，全國[一]為上，破國[二]次之；全軍為上，破軍次之；全旅為上，破旅次之；全卒為上，破卒次之；全伍為上，破伍次之[三]。是故百戰百勝，非善之善者也[四]；不戰而屈[五]人之兵，善之善者也。

故上兵[六]伐謀[七]，其次伐交[八]，其次伐兵[九]，其下攻城。攻城之法，為不得已。修櫓轒轀[一〇]，具[一一]器械，三月而後成，距闉[一二]，又三月而後已。將不勝其忿而蟻附之[一三]，殺士卒三分之一而城不拔[一四]者，此攻之災也。

故善用兵者，屈人之兵而非戰[一五]也，拔人之城而非攻[一六]也，毀人之國而非久[一七]也。必以全爭於天下[一八]，故兵不頓[一九]而利可全，此謀攻之法也。

故用兵之法，十[二〇]則圍[二一]之，五則攻[二二]之，倍則分[二三]之，敵則能戰之，少則能逃[二四]之，不若則能避[二五]之。故小敵之堅，大敵之擒[二六]也。

夫將者，國之輔也。輔周則國必強[二七]；輔隙則國必弱[二八]。

故君之所以患[二九]於軍者三：不知軍之不可以進而謂之進，不知軍之不可以退而謂之退，是謂縻軍[三〇]；不知三軍之事，而同[三一]三軍之政[三二]者，則軍士惑矣；不知三軍之權[三三]，而同三軍之任[三四]，則軍士疑矣。三軍既惑且疑，則諸侯之難[三五]至矣，是謂亂軍引勝[三六]。

故知勝[三七]有五：知可以戰與不可以戰者勝；識眾寡之用[三八]者勝；上下同欲[三九]者勝；以虞待不虞[四〇]者勝；將能而君不御[四一]者勝。此五者，知勝之道也。

故曰：知彼[四二]知己者，百戰不殆[四三]；不知彼而知己，一勝一負；不知彼，不知己，每戰必殆。

【注釋】

一、全國：完全占有敵國的領土，讓敵國舉國投降。

二、破國：擊破敵國。

三、軍、旅、卒、伍：均是春秋戰國時期軍隊的編制單位。軍：一萬二千五百人。旅：五百人。卒：一百人。伍：五人。

四、非善之善者也：不是好中最好的。善：好，高明。

五、屈：屈服，這裡是使動用法，指使敵國屈服。

六、上兵：用兵的上策。

七、伐謀：用謀略手段戰勝敵國。

八、伐交：用外交手段戰勝敵國。

九、伐兵：用軍事手段戰勝敵國。

一〇、修櫓：建造盾牌和戰車。修：建造。櫓：一種用藤草製成的大盾牌。轒轀（音同福溫）：古代攻城用的四輪車，用排木製作，外蒙生牛皮，下可容納十幾人，用以運土填塞城壕。

一一、具：準備。

一二、距闉：為攻城而堆積的土山。（古代攻城之前必堆積土山，為的是觀察敵情的便於攻城。）距：通「具」，指準備。闉（音同因）：通「堙」，指用土堆積而成的山。

一三、蟻附之：士兵像螞蟻一樣一個接一個的爬梯攻城。蟻：名詞用如狀語，意為「如蟻一樣……」附：依附。

一四、拔：攻占敵國的城池或軍事據點。

一五、非戰：不用交戰的辦法。

一六、非攻：不用強硬攻打的辦法。

一七、非久：不用持久作戰的方法。

一八、必以全爭於天下：一定要採取能夠達到全勝的謀略與天下諸侯爭鬥。全：完全，全部，在這裡是指對敵國的全國、全軍、全旅、全卒、全伍都取得勝利。

一九、頓：頓，通「鈍」，疲憊、受挫的意思。

二〇、十：十倍。以下的「五」、「倍」也都是指我方與敵國的力量對比。

二一、圍：包圍。

二二、攻：攻擊。

二三、分：分散。

二四、逃：擺脫。

二五、避：避免。

二六、小敵之堅，大敵之擒：如果力量弱小的軍隊一味堅持硬拼，一定會被力量強大的軍隊擒獲。小敵：力量弱小的軍隊。大敵：力量強大的軍隊。堅：堅固，在這裡引申為硬拼。

二七、輔周則國必強：將領對國君輔佐周密，那麼國家就強盛。

二八、輔隙則國必弱：將領對國君輔佐不周到，有疏漏的地方，那麼國家就會衰弱。

二九、患：危害、貽害。

三〇、縻軍：束縛軍隊，指使軍隊不能根據情況調整作戰路線。縻：原義為牛轡，這裡引申為羈絆、束縛。

三一、同：參與、干涉。

三二、政：政事，指軍中行政事務。

三三、權：權變、機動。

三四、任：指揮、統率的意思。

三五、諸侯之難：諸侯國趁機進攻的災難。

三六、亂軍引勝：擾亂自己的軍隊，而導致敵國的勝利。引：導致。

三七、知勝：預知勝利。

三八、識眾寡之用：瞭解敵我雙方兵力對比的情況，這樣才能採取相應的戰法。識：瞭解。眾寡：多和少。

三九、上下同欲：上級和下級是一個目標。上：指君主或軍隊的高級將領。下：下級軍官及士兵。欲：意願。

四〇、虞：料想，在這裡引申為準備的意思。

四一、御：駕馭，在這裡引申為制約、掣肘的意思。

四二、彼：對方，這裡指敵國。

四三、殆：危險，這裡指失敗。

【譯文】

孫子說：一般用兵作戰的原則是，讓敵國完好無損地降伏是上策，擊破敵國讓它受到殘缺之後再降伏就次一等；讓敵國的全軍士兵完全降伏是上策，用武力擊垮敵國的全軍士兵就次一等；讓敵國的全旅士兵完全降伏是上策，用武力擊垮敵國的全旅士兵就次一等；讓敵國的全卒士兵降伏是上策，用武力擊垮敵國的全卒士兵就次一等；讓敵國的全伍士兵完全降伏是上策，用武力擊垮敵國的全伍士兵就次一等。所以，百戰百勝，不是高明中最高明的善用兵者；不用武力進攻就能使敵國降伏，才是高明之中最高明的善用兵者。

用兵作戰的最高境界是用謀略手段戰勝敵國，其次是用外交手段戰勝敵國，再次是用軍事手段戰勝敵國，最後是用攻打城池的手段戰勝敵國。採用攻打敵國城池的手段，是不得已而為之。攻打敵國城池之前，要製造攻城用的大盾牌和大型戰車，準備好各種攻城用的器具，這些需要幾個月的時間才能做完；攻城之前必定要堆築小土山，這又需要幾個月的時間才能完全竣工。如果將領無法抑制自己憤恨的情緒，驅逐士兵像螞蟻一樣一個接一個地爬梯攻城，結果可能是士兵死傷了三分之一，但敵城還是沒有攻破。這就是攻城可能帶來的災難。

懂得用兵法則的人，打敗敵軍不是通過戰場廝殺的方式，奪取敵國的城池也不用強攻的武力手段，消滅敵國不是靠打持久戰。一定要採取能夠達到全勝的謀略與天下諸侯爭鬥。這樣，既不使自己的軍隊疲憊受損，又能圓滿完整地獲得勝利。這正是用謀略的手段戰勝敵國的基本準則。

用兵打仗的基本原則是：當我軍擁有敵國十倍的兵力時，就用兵把敵軍四面包圍起來；當我軍擁有敵國五倍的兵力時，就利用自己的兵力猛烈攻擊敵國；當我軍擁有敵國兩倍的兵力時，就要設法將敵軍分散，以優勢兵力將其各個擊破；當我軍的兵力與敵國相當時，就要努力地抗擊敵軍；當我軍兵力比敵軍少時，就要設法擺脫敵國；當我軍的兵力不如敵國時，就要避免與敵國進行決戰。因為，弱小的軍隊如果固守己見在戰場上硬拼的話，就會被實力強大的軍隊所擒獲。

將帥是國君的輔佐。如果輔佐得周詳嚴密，那麼國家就必定強盛；如果輔佐得不周到，有疏漏的地方，那麼國家就會衰弱。

國君可能給軍事行動造成災難的情況有三種：不知道軍隊不能夠進攻而非要讓軍隊進攻，不知道軍隊不能夠撤退而非要讓軍隊撤退，這就是所謂的束縛軍隊；不懂軍隊的內部事務，卻干預軍隊的行政，這會讓將士們迷惑不解；不懂得軍隊作戰的權宜機變，卻參與軍隊的指揮，這會讓將士們疑慮重重。如果全軍上下既迷惑又疑慮，各諸侯國乘機進犯的災難也就隨之而來了。這就是所謂的自亂軍隊，而導致敵國取勝。

有五種情況可以預測勝利的結果：知道能作戰或不能作戰的這一方會取勝；知道根據兵力的多少而採取相應謀略戰術的這一方會取勝；將領和士兵的目標一致，全軍上下同仇敵愾的這一方會取勝；以充分周密的準備去對付毫無準備的敵國的這一方會勝；將帥有領導才能而國君不加干預的這一方會取勝。這五條，是預測勝利的方法。

既瞭解敵國情況，又瞭解自己情況，就能百戰百勝；不瞭解敵方情況，只瞭解自己的情況，勝敗的可能各一半；既不瞭解敵方情況，又不瞭解自己的情況，那麼每次戰鬥肯定都會失敗。

【名家注解】

東漢・曹操：「欲攻敵，必先謀。」

唐・李筌：「合陳為戰，圍城曰攻，以此篇次〈戰〉之下。」

唐・杜牧：「廟堂之上，計算已定，戰爭之具，糧食之費，悉已用備，可以謀攻。故曰〈謀攻〉也。」

宋・王晳：「謀攻敵之利害，當全策以取之，不銳於伐兵、攻城也。」

宋・張預：「計議已定，戰具已集，然後可以智謀攻，故次〈作戰〉。」

【解讀】

我們之前說到的〈計篇〉和〈作戰篇〉主要討論的是打仗前的問題，也就是我們在做出用兵決策之前要考慮的事情，從〈謀攻篇〉開始直至〈軍爭篇〉結束，主要討論的都是用兵決策做出之後的問題了，是從戰略思想和用兵原則的角度去闡述取得勝利的方法。

本篇以「謀攻」做題，自然就是講謀略，取勝靠的是機智的「謀」不是魯莽的「鬥」。孫子在本篇中提到了一個非常重要的論點，就是「全勝論」。「全勝論」是孫子軍事謀略的一條指揮原則，是「謀攻」的出發點和核心內容。他在文章一開始就強調，要實現全勝就應該根據具體情況制定相應的戰術策略。因此文章就此展開，孫子將取勝之道娓娓道來，廣至用兵方法好壞的等級排列，細至每種方法的具體實施；上至國君在行軍中應發揮的作用，下至士兵在作戰時要樹立的心態。層次明瞭，條例清晰，易於理解。在文章結尾處孫子還用一句簡潔的話來概括取勝的基本規律，即「知彼知己，百戰不殆」。這一總結對所有的戰爭都具有指導性意義，畫龍點睛，更加襯出文章深意。

「全勝論」強調的是以「全」為上、以「破」為次。在中國傳統文化中，「全」具有很高的標準，它是完整、完滿、完美的代名詞，任何事物的前面如果被賦予「全」，那它就應該是毫無瑕疵、無可挑剔的。孫子提出的「全勝論」，在具體運用上也有表示全部、完全的意義，但貫穿的思想精髓則是追求一種更高的境界和層次，即追求戰略戰術的完美。戰略戰術要運用得毫無瑕疵、無可挑剔，才可稱之為「全」，也才可達到「全勝」。孫子提出想要全勝就不可真正交手，要不破壞敵國的一兵一卒，而讓其全部歸降於己，為我所用。孫子把兵不血刃作為取得戰爭勝利的最高理想，也就是說，以犧牲自己最小的代價來換取最大限度的勝利，即最大限度地保存自己，最大限度地化敵為友，甚至化敵為己。能夠做到這樣的將領就是「善之善者也」，「不戰而屈人之兵」的人也就是最懂得用兵法則的人。

隨後孫子把用謀略取勝和用武力取勝進行比較。他首先將取勝的方法進行排序，他指出謀略取勝最佳，外交手段取勝其次，再次就是用軍事的手段取勝，而直接攻打城池的取勝手段排在最末。為論證這一理論，孫子詳細確鑿地分析了用武力強攻的缺點，揭示出使用武力強攻勢必會損失重大。因為如果強攻的話，無論是從前期的準備工作還是到戰爭結束的結果，都是勞民傷財、費時費力的，就算取得了勝利，也沒能達到最為理想的戰爭結果。

要「謀攻」不要「硬攻」，作戰要一定懂得「屈人之兵非戰也」，根據敵我雙方的情況採取相應的戰略戰術，運用恰當就會讓敵人完全屈服，同時又能保全自己不受到任何損失，這就是「以全爭於天下」，也就是最理想的戰爭狀態。

那麼，到底該如何實現所謂的「全勝」呢？孫子從幾個方面做了分析論述，提出了相應的戰略戰術。

首先，如果「伐兵」，一定要學會懂得取巧。因為戰場交鋒，兵刃相見，必然有人員傷亡和財物消耗，但只要將用兵法則運用得當，就會減少損失，獲得最大限度的勝利。在用兵之道上孫子講得很詳細，如果我方的兵力十倍於敵人，就把敵軍圍困起來；如果我方的兵力五倍於敵人，就對敵軍發起猛烈攻擊；如果我方的兵力兩倍於敵人，就要設法將敵軍分散；如果敵我雙方的兵力相當，可以與敵交戰；如果我軍兵力比敵軍少時，就應該設法擺脫敵人；如果我軍的兵力不如敵人時，就應該儘量避免與其交戰。這就是說要根據敵我雙方兵力多寡，採取靈活機動的戰術，或儘快結束戰鬥，爭取戰爭勝利的最大值；或儘量保全自己，把戰爭損失降低到最小程度，並告誡人們，切不可在處於劣勢時意氣用事，死守硬拚，以免遭到滅頂之災。

其次，孫子講到將領作為輔臣的重要性。在此之前，孫子一直強調的是將領的指揮作用，但接下來，孫子提出「夫將者，國之輔」，認為將領作為國君的輔佐，在軍事行動的籌劃和實施過程中一定要周詳嚴密，這樣戰爭才會勝利，國家才有可能強盛。一旦有缺陷漏洞，戰爭是否能取勝就很難說，國家也會岌岌可危。

同時，不僅將領，作為國君也要正確發揮自己的作用。但通常情況下，國君會指揮錯誤，讓軍隊在不該進攻的時候進攻，不該後退的時候後退，這樣必然擾亂軍心、軍隊自亂，從而給敵國乘隙進攻的機會。孫子這樣說，是從反面說明了國君如果不懂用兵之道，就不要對軍隊妄加指揮，不要干涉將領的決策。

最後，孫子將得勝的五個條件一一列出，闡述「知勝之道」時力求要對整個戰局有宏觀的把握，準確瞭解敵我雙方的真實情況，從實際出發制定策略，以確保每戰必勝。如果沒有對敵我雙方的實際情況做詳細、準確、全面的瞭解，就不能做出周密嚴謹、切合實際、行之有效的籌劃謀略，要想獲勝，便只能是癡人說夢、異想天開。

整篇下來，孫子由「全勝」出發，從中穿插用兵之法，最後提出「知勝」的五個方面並得出「知彼知己，百戰不殆」的結論。全篇貫徹「謀攻」思想，語言簡潔，卻字字珠璣，極富文采。其中排比句的使用最為出色，一則文字連珠而出，二則內容遞進，深意層層表達，這樣的排比運用，使得文章結論水到渠成。再者，本篇使用大量正反對比，表意明確，極具說理性和說服力。

【案例】

軍事篇：連橫之術

在戰爭中謀略的重要性有時大過國家的強弱和兵力的多少，如果謀略使用得好，可以不費自己一兵一卒，就讓敵人全部降服，達到「全勝」。很多時候，直接強碰不一定會成功，但轉個彎，變換一種方法，可能就會得到意想不到的結果。

秦、齊、楚、趙、燕、魏、韓在歷史上被稱為戰國七雄，當時七國之間為了利益紛爭連連，有的想稱雄，有的求自保，禍事不停，戰亂不斷。正所謂時勢造英雄，在這一時期出了一位縱橫家，叫做張儀，他憑著過人的謀略思想，穿梭於七國之間，縱橫捭闔，鬥智鬥謀，對七國爭鬥的形勢，影響十分之大。

張儀效力的國家是秦國，在秦國他雖然沒有一官半職，但是地位卻很高，可以直接與秦王議論國事。在具體的戰術上，他主張的是「連橫說」。所謂「連橫說」，就是「事一強以攻眾弱」。在當時，秦國的勢力最大，張儀就運用以強懾弱的手段，遊說其他六國共同依附秦國。憑藉他的遊說，曾一度讓四個國家依附於秦國，張儀可以說是「不戰而屈人之兵」的代表人物。

當時還有一位人物，在七國之間的名號也是響噹噹的，這個人就是蘇秦，蘇秦跟張儀是舊識，兩人少時曾同學於齊，但蘇秦的戰略剛好與張儀相反，他是「合縱說」的代表。他主張除秦國外的其他六國聯合起來，共同對秦，這一主張獲得六國國君的賞識，於是六國聯盟得以建立起來。

秦國知道後很是擔憂，就想破壞六國聯盟。

秦國先從魏國著手，秦國原先曾攻占魏國的襄陵等七座城池，但為了拉攏魏國，就想將城池歸還魏國，以示友好。

然後秦國又與燕國聯姻，藉此收買燕國。如此活動之後，六國同盟果然分裂了。同盟一解，張儀的連橫計也就開始了。

張儀先向秦惠王建議：「現在六國聯盟已經拆散，我們的目的達到了，那您何必再多此一舉將襄陵等七座城池歸還給魏國呢？魏國國力不強，就算因為這件事起兵攻打秦國，秦國也不怕。」秦惠王本來就霸道貪心，聽張儀這麼說，一想也是，反正現在同盟已經解除，僅憑魏國一國的實力對秦國根本造不成什麼威脅，於是反悔失約，沒有歸還魏國城池。

魏襄王聽到這個消息後大為震怒，立刻派人向秦國索要七城。秦惠王看到這種情況，索性一不做二不休，先行出兵攻打魏國。正如他之前想的那樣，魏國實力較秦國差得很遠，秦軍一路長驅直入，一舉攻下了魏國的蒲陽城。秦惠王本來想趁勝追擊，可張儀卻在這時請秦惠王停止攻擊，並建議他把攻下的蒲陽城還給魏國，不僅如此還讓他把公子繇留在魏國做人質，以表示秦國願意與魏國結成世代友好的「誠意」。

秦惠王聽了張儀的話，便依樣照做。此時魏襄王剛剛打了敗仗，正驚魂未定，不知該如何是好時，不料受到了秦國這樣「友善」的對待，頓時喜出望外，對秦惠王感激涕零。隨後，張儀又馬上出使魏國，向魏王說：「大王！秦國對您這麼好，您也應該表示一下，回饋秦王呀！」

魏襄王心裡想：秦國強大，若再起紛爭，還是自己吃虧，不如藉此修繕關係，於是就問張儀該如何回饋秦王。張儀回答說：「送人東西，最重要的是投其所好。秦惠王最感興趣的就是土地，如果您能割讓一部分土地給秦國，秦惠王一定會非常高興，肯定會和魏國結成世代友好。以後，魏國和強大的秦國聯合，一同進攻其他諸侯國，一定會勢如破竹，穩操勝券。到那時，天下就是魏國和秦國的，到時您得到的土地比您今天割讓的多上十倍還不止。這樣的話，您現在的付出不是很合算嗎？」

魏襄王輕信了張儀的話，就割了一部分土地給秦國，至於秦國之前提出的將秦國公子作人質以示「誠意」的事兒，魏國懾於秦國的強大也沒敢接受。

張儀首戰告捷，成功地讓魏國屈服於秦國，這讓秦惠王很高興，立即將張儀提升為相國。張儀也不負秦王，接著來到楚國，開始對楚國的遊說。

當時楚國正與齊國結成聯盟，準備共同對付秦國。楚國和齊國是兩個實力相對強大的國家，二者的結盟讓秦惠王非常畏懼，寢食不安。

這件事張儀卻沒有過多擔憂，對說服楚國他有十分的把握。因為張儀深知，要想取得勝利，就必須要對對方十分瞭解，這樣才好找到突破口，「知彼知己，百戰不殆」。張儀知道楚懷王非常喜歡一個叫做靳尚的臣子，對他幾乎是言聽計從。

於是，張儀到了楚國之後，第一件事就是想辦法接近靳尚。張儀打聽到靳尚特別貪財，就用重金賄賂他。靳尚非常高興，答應替張儀疏通，就這樣，張儀順利地見到了楚懷王。

因為張儀本來就名震四海，再加上有靳尚的疏通，所以楚懷王在見到張儀時表現得非常客氣。

張儀見楚懷王如此和善可親，就立刻單刀直入對楚懷王說：「大王！我這次是專為締結秦楚之好而來的！」張儀深知楚懷王內心對秦國這個虎狼之國頗有幾分畏懼，也不想與秦國十分對立。他這樣說只是拋出一個誘餌，讓楚懷王自己上鉤。

果然楚懷王回應說：「張先生說得很對。我何嘗不想與秦國交好呢？只是秦國連年進攻各諸侯國，橫行霸道，所以才不敢與它親近。」

張儀聽後說：「大王！您看如今天下七個諸侯國中，以秦、齊、楚三國最為強大，所以無論秦國傾向於哪一面，都有舉足輕重的作用啊。假如秦國與齊國聯合，那麼齊國的勢力就會迅速強大；假如秦國與楚國聯合，楚國的勢力就會加倍增長。因為齊國當年曾與秦國聯姻，卻又做了許多對秦國有害的事情，讓秦國很是不滿，所以現在秦國的想法是跟您聯合，不跟齊國聯合。可是，現在我們聽說您想與齊國交好，您可要慎重啊，如果那樣做的話可是犯了秦國的忌諱啊！所以我希望您與齊國絕交，與秦國結交。如果那樣的話，秦國就把原來攻占你們的六百里土地歸還給你們，我們還會挑選秦國最出色的美女送給您做妾。這樣秦、楚兩國結成世代友好，共同對付各諸侯國，那就會天下無敵！您想想，那該有多好！」

張儀的一番話讓楚國的許多大臣備感鼓舞，特別是靳尚，更是極力慫恿楚懷王與秦國交好。雖然還有陳軫、屈原等幾位大臣保持清醒的頭腦，堅決反對，但畢竟寡不敵眾，再加上靳尚平時與楚王關係親密，幾位有理性的大臣相對於靳尚在楚王眼裡疏不勝親。這樣楚懷王最終採納了張儀的意見，決定與齊國絕交，與秦國結盟。

楚懷王為了表示與齊國絕交的決心，還做出了一個非常誇張的舉動，他派勇士宋遺到齊楚邊界上大罵齊湣王。

齊湣王見楚國背信棄義聯合秦國，已經很生氣了，這會兒又遭到楚國的辱罵，不禁勃然大怒，於是派出使者到秦國，要求與秦國結盟，共同討伐楚國。張儀讓秦惠王答應下來，這樣秦國和齊國又結成了同盟。

此時張儀見齊、楚絕交已成事實，就故技重施，又矢口否認歸還六百里地給楚國的諾言，反而說是楚懷王自己聽錯了，把六里聽成了六百里。

這樣的戲弄讓楚懷王非常生氣，於是他不顧敵強我弱的客觀情況，立刻起兵討伐秦國。結果可想而知，秦國本來就很強大，現在再加上齊國的支持，單憑楚國一己之力根本不是他們的對手，戰爭一開始，楚軍就遭到了秦、齊聯軍的迎頭痛擊，沒戰幾個回合，便敗下陣來。這時，韓國與魏國得知楚國打了敗仗，軍力已經不堪一擊，為了討好秦國，也落井下石，出兵襲擊楚國。

楚懷王四面受敵，惶惶不可終日，只得派屈原去齊國請求和解，又派陳軫去秦軍營中會見秦軍大將魏章，表示願意獻出兩座城池，請求罷兵言和。魏章把楚國的意思傳達給秦惠王，秦惠王聽到楚國願意獻城求和，更加氣焰囂張。他回應楚國說：「獻城求和可以，可是我要楚國的漢中之地，除非這樣才能罷兵。」事到如今，在大軍壓境的形勢下，楚懷王只好答應把漢中之地割讓給秦國。

這時，張儀又向秦惠王獻計：只要楚國漢中之地的一半，並且主動與楚國聯姻。恩威並用，這樣楚國就會像之前的魏國一樣，對秦國感激不盡，不再會有不安分的想法了。果然，楚懷王十分感激秦國的「和解」之舉，就這樣本來強大的楚國終於「心甘情願」地屈服於秦國了。

在計屈楚國之後，張儀在秦惠王心中的地位更加提高，秦惠王又封張儀為武信君，賜給他黃金白璧、高車駟馬，派他繼續遊說其他諸侯國。

張儀就到齊國拜見了齊湣王，他對齊湣王說：「大王，在您看來，是齊國的土地多還是秦國的土地多？是齊國的軍隊強還是秦國的軍隊強？可能您會覺得，就算齊國現在國力不如秦國，但距離秦國很遙遠，秦國鞭長莫及，齊國可以高枕無憂。其實這樣看，目光是短淺的。現在，秦國已和楚國聯姻，勢力越來越強大，其他各國都十分畏懼秦國，爭著搶著為秦國獻地、獻財寶、獻美女，討好秦國。唯獨你齊國與秦國關係不親不近，這對你有什麼好處呢？假如有一天，秦國要韓國、魏國進攻齊國的南部邊境，要趙國橫渡黃河乘虛進攻臨淄、即墨，到那時候，您就是想事奉秦國，恐怕也來不及了！依我看，當今之勢，事秦者可得安泰，背秦者將有危難……」

張儀對形勢的一席分析，說得齊湣王不寒而慄，連忙答應事奉秦國。

接著，張儀往西來到趙國，對趙王說：「我們秦惠王要親自帶領甲兵，與您會戰於邯鄲城下，特地要我來通報您！我知道，您是不怕的，因為依仗的是蘇秦的合縱之計。這要是放在以前，是不錯的想法。可是現在，蘇秦先背叛燕國，後又從齊國逃走，最後連自身都不能保。他連自己都保護不了，何來力量保護六國？您要是還相信他，就是天大的笑話了！現在，秦、楚兩國聯姻，齊國獻地給秦國，韓、魏兩國也自稱是秦國的東藩之臣，五國已經連為一體。您想想看，如果用趙國一國的兵力與五國抗衡，恐怕會遭到滅頂之災吧！所以，從趙國的利益出發，為了趙國千萬子民能夠安居樂業，還是主動事奉秦國為好。」

張儀如此恐嚇趙王，讓趙王聽得心驚膽寒，於是也趕忙答應與秦國結好，事奉秦國。

離開了趙國，張儀又向北來到燕國。張儀對燕昭王說道：「大王，在眾多的諸侯國中，您最親近的就是趙國。但您想想，趙襄王把自己的姐姐嫁給代王，最後卻仍然吞併了代國，他不僅設計刺殺自己的姐夫——代王，連親姐姐也被迫自殺身亡了。趙國為了占領代國，把姐姐變成自己謀取利益的犧牲品，像這樣背信棄義的小人，值得您相信嗎？現在，趙王已經向秦國獻地請罪，不久將去澠池朝見秦惠王。有朝一日，秦惠王會驅使趙國進攻燕國，到時燕國可就危險了。」

張儀非常犀利地把趙襄王批判一頓，又把利害形勢說給燕昭王聽，這讓燕昭王感到十分恐懼，於是他也自願獻出恆山以東五座城池與秦國講和。

就這樣，張儀憑著自己過人的謀略和口才，不費一兵一卒，不動一刀一槍，先後說服了燕、趙、齊、楚四國，連同早先制伏的魏國，張儀使當時的諸侯國基本都歸順了秦國，確立了秦國在各諸侯國中的領導地位。張儀之所以能成功，就是因為他深知「知彼知己，百戰不殆」的原則，瞭解每一個要說服對象的心理走向，站在一個高度上去解決問題。同時，他根據不同對象的不同心理，採用不同的策略與之應對。在談話中，他將要表達的意思，分條理、分部分地一一表述，步步為營、招招見血，可以說張儀是「不戰而屈人之兵」的「善之善者」。

商業篇：艾柯卡善使人才

孫子提到「君之所以患於軍者三」，依次列出國君可能耽誤作戰進程的三種行為，以此突出將領的重要性，同時含蓄地暗示國君不要干涉將領的職權，要將權下放，所謂疑人不用、用人不疑，這樣才能在戰場上取勝。在商業領域，信任下屬、善用人才，也會給自己帶來豐厚的效益。

艾柯卡是克萊斯勒汽車公司的總經理，他剛上任的時候，公司已經瀕臨破產。那時公司一片混亂，各部門各自為政，互不往來，總體缺乏協調配合，就好像一盤散沙，沒有凝聚力。面對這種難以管理的狀況，他大膽地進行了改革。

憑藉自己在商界馳騁多年的豐富經驗，他深知團隊中領導人的作用是非常重大的，所以他決定首先從領導層進行改革。

稍微想一下，就知道想要整治一個集團內部固有的領導層是多麼困難的一件事，但艾柯卡擁有一個企業家應有的膽略，他大膽實施整治計畫，有的放矢，任職三年，就撤換了三十三名不稱職的副總經理，然後不惜代價網羅人才填補空位。在這個過程中，他發現了許多富有才幹的年輕人，對於他們，艾柯卡力排眾議，對他們委以重任。

艾柯卡一直堅信，人才使用是人才資源開發管理的核心內容，而合理使用人才，是人才資源開發的主要途徑，因為人才使用是否合理，直接影響著企業的生存與發展。所以，他才會這樣看重人才。艾柯卡一開始先將那些平庸之輩排除掉，這樣就容易發現較優秀的人才了。艾柯卡說，優秀的人才，就是那些做起事來眼睛會亮的人！只要看一眼他們勤奮而精明的樣子，你就可以確定他們是優秀的人才。有句調侃是這樣說的：直至今天，艾柯卡還不能相信，以前的那些經理們怎麼沒有注意到這些人才！

海爾・斯帕利希就是一個被艾柯卡勇於啟用的新人代表。艾柯卡在很短的時間內就把海爾・斯帕利希提升為副總經理，讓他專門負責產品計畫部，沒過多久，又把他提升為北美業務負責人。之所以這麼信任他，是因為艾柯卡更信任自己的眼光。事實證明，艾柯卡的判斷是精準的，海爾・斯帕利希沒讓大家失望，他又有遠見，又講究實際，在工作方面認真負責，為公司立下汗馬功勞。艾柯卡還看出海爾有一種洞察未來的能力，可以預見到三四年以後人們喜歡什麼汽車，這一點是最難能可貴的。

從造「野馬」車開始，艾柯卡和海爾就一直在一起，海爾比他更瞭解年輕人的想法，比他更知道該怎麼去做針對年輕人的汽車市場，儘管他們之間也有分歧，但那是不可避免的工作關係中的一部分，有了問題，解決問題，公司才會往更好的方向發展，這樣一路合作無間地走來，艾柯卡自認，他們倆的合作不比世界汽車行業中任何一位大老闆遜色！

在公司財務管理方面，為解決當時的混亂狀況，艾柯卡首先想到的是福特公司的高級財務人員傑拉德・格林維德。其實艾柯卡本人也曾在福特汽車公司任職多年，並在一九七〇年坐到了總裁的位子，所以他很熟悉福特公司的內部人才網。

傑拉德・格林維德就是福特公司眾多人才中的一個，他雖然年僅四十四歲，但卻具有出色的財務管理能力，工作業績突出，有很強的分析問題、解決問題的能力，年輕時在普林斯頓大學受過良好的教育，是個出色的管理人才。

於是艾柯卡不惜代價把他從福特公司挖了過來，來到克萊斯勒汽車公司後，他建立起一套完善的財務管理制度，使財務管理與公司的整個經營接軌，這對公司的起死回生功不可沒。兩年後，艾柯卡就把傑拉德・格林維德推上了公司副總裁的位子。

此外，艾柯卡還有一位重用的人才，他就是哈爾・斯珀利奇。斯珀利奇是那種踏實肯幹、頭腦靈活、有衝勁、有組織才能的管理型人才。艾柯卡曾總結：「企業管理者是企業形象的雕刻者和塑造者，管理者是任何企業最根本、最寶貴的財富。管理的藝術就是用人，管理成功的經驗不在於怎樣賺錢，而在於怎樣用人。」斯珀利奇就是這樣一個優秀的企業管理者，是一個懂得管理藝術的人。他向艾柯卡提供了種種至關重要的資訊——一批曾經被埋沒的人才的名單。

就這樣，一大批年輕、熱情、有才華的人才被發掘出來，這些寶貴的人才為振興克萊斯勒公司發揮了功不可沒的作用。

在銷售方面，艾柯卡也啟用了一位福特公司的能將，是已經退休在家的、原來在改善福特公司與承銷商關係方面卓有成效的加爾・克勞斯。艾柯卡請加爾・克勞斯重返職場，將銷售這項重任全權委託給他。

本來克萊斯勒公司與汽車承銷商之間的關係非常糟，但承銷商對公司的生存是至關重要的，如果這種關係得不到迅速改善，公司生產出來的汽車就根本沒辦法賣出去。果然，加爾・克勞斯也沒有讓艾柯卡失望，自他接手後，克萊斯勒公司與汽車承銷商之間的關係好轉了很多，銷售業績不斷上升，每天克萊斯勒公司生產的汽車都源源不斷地銷往各處，最後艾柯卡將他提升為公司的銷售和推銷業務的總負責人。

當然，汽車公司最重要的還是汽車的品質。沒有品質，一切都是零。但多年來，克萊斯勒汽車公司的汽車在品質上一直存在問題，顧客不停地反映問題，這讓艾柯卡很是擔憂。為了解決這個問題，艾柯卡請來了當時的品質專家漢斯・馬塞厄斯做顧問，馬塞厄斯制訂了種種旨在提高產品品質的規章制度，一切以「把汽車品質提升上去，是公司想繼續生存下去的唯一出路」為宗旨。為此，馬塞厄斯組建「品質小組」，讓全體工人都注意整個汽車製造的全過程。為了讓勞資雙方在品質問題上擰成一股繩，馬塞厄斯還建立了「聯合汽車工人工會」，讓「聯合汽車工人工會」與公司管理部門聯合監督品質方案，為品質把關。

慢慢地，克萊斯勒公司以馬塞厄斯為中心，聚集了一批品質方面的人才，為改進汽車品質問題作出了重要貢獻。

經過艾柯卡的整治努力，克萊斯勒公司奇蹟般地復活，一九八四年盈利竟高達二十四億美元，要知道，這一數字可比該公司六十年的利潤總和還多，想想這是多麼驚人的一個成果啊。

從艾柯卡的事例中，我們可以看出，領導者善於用人的重要性，上級要對下屬充分尊重、信任，給他們空間，讓他們放手去做。可以說擁有大量的人才就會擁有高的效率，進而得到最大的效益，形成良性循環，這正是孫子想要說明的用人之道。

〈形篇〉

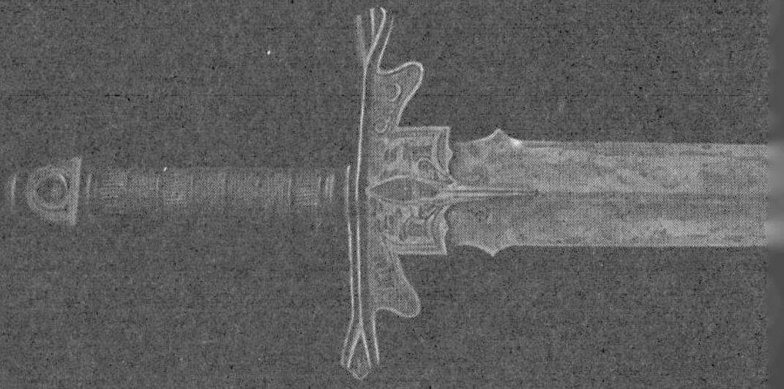

【原典】

孫子曰：昔[一]之善戰者，先為不可勝[二]，以待敵之可勝[三]。不可勝在[四]己，可勝在敵。故善戰者，能為不可勝，不能使敵之可勝[五]。故曰：勝可知而不可為[六]。

不可勝者，守也；可勝者，攻也。守則不足[七]，攻則有餘[八]。善守者，藏於九地之下[九]；善攻者，動於九天之上[一〇]；故能自保而全勝也。

見勝不過眾人之所知[一一]，非善之善者也；戰勝而天下曰善，非善之善者也。故舉秋毫[一二]不為多力，見日月不為明目[一三]，聞雷霆不為聰耳[一四]。古之所謂善戰者，勝於易勝者也。故善戰者之勝也，無智名，無勇功，故其戰勝不忒[一五]，不忒者，其所措必勝，勝已敗者[一六]也。故善戰者，立於不敗之地，而不失敵之敗[一七]也。是故勝兵先勝而後求戰，敗兵先戰而後求勝[一八]。善用兵者，修道而保法[一九]，故能為勝敗之政[二〇]。

兵法：一曰度[二一]，二曰量[二二]，三曰數[二三]，四曰稱[二四]，五曰勝[二五]。地生度[二六]，度生量[二七]，量生數[二八]，數生稱[二九]，稱生勝[三〇]。故勝兵若以鎰稱銖[三一]，敗兵若以銖稱鎰。勝者之戰民[三二]也，若決積水於千仞之溪者[三三]，形[三四]也。

【注釋】

一、昔：過去，從前。

二、先為不可勝：首要創造自己不被別人戰勝的條件。

三、以待敵之可勝：來等待敵人可能被我軍戰勝的時機。待：等待。

四、在：在於，取決於。

五、能為不可勝，不能使敵之可勝：能做到自己不被敵人戰勝，不能強使敵軍提供一定被我軍戰勝的機會。

六、勝可知而不可為：勝利可以預見，但不可以強求。

七、守則不足：兵力不足時就要防守。

八、攻則有餘：兵力充足時就要進攻。

九、藏於九地之下：（把軍隊）隱於極深的地下。這裡指巧妙利用各種地形，把軍隊隱藏起來，不露蹤跡，使敵人無法探到虛實。九：古代用作虛詞，表示數量極多。

一〇、動於九天之上：（軍隊）進攻時，如同從九霄而降。這裡指進攻時動作神速，令敵猝不及防。九天：高不可測的上天。

一一、見勝不過眾人之所知：預見勝負不能超過常人的見識。見勝：預見勝利。不過：不超過。眾人：常人，一般人。

一二、秋毫：指獸類在秋天新長的極纖細的毛，用來比喻非常輕微的事物。

一三、明目：眼睛明亮。

一四、聰耳：耳朵靈敏。

一五、戰勝不忒（音同特）：打勝仗不會有差錯。忒：差錯。

一六、勝已敗者：戰勝已經處於必敗之地的敵人。

一七、不失敵之敗：不放過任何一個打敗敵人的時機。失：喪失。

一八、勝兵先勝而後求戰，敗兵先戰而後求勝：打勝仗的軍隊，總是先創造取勝的條件，然後才同敵人交戰，打敗仗的軍隊，先打仗然後再去謀求勝利。

一九、修道而保法：修明政治，確保法制。道，政治。

二〇、為勝敗之政：政治修明、法度嚴謹的一方將成為勝負的主宰。

二一、度：原意是尺寸的長短，在這裡引申為土地幅員的大小。

二二、量：原意是糧食容積的多少，在這裡引申為人口和物資的數量。

二三、數：原意是數目的多少，在這裡引申為部隊實力的強弱以及可投入的兵力數量。

二四、稱：原意是稱量輕重，在這裡引申為權衡利弊，即對敵我雙方的實力做出對比。

二五、勝：從敵我孰優孰劣的現實中可以得到由何方取勝。

二六、地生度：敵我雙方所屬的不同地域決定了土地幅員的廣窄。

二七、度生量：土地幅員的廣窄決定了人口及物資儲備的多少。

二八、量生數：人口和物資儲備的多少決定了雙方投入戰爭的兵員數量的多少。

二九、數生稱：兵員數量的多少決定了雙方兵力的強弱對比。

三〇、稱生勝：雙方兵力的強弱對比決定了戰爭的勝敗。

三一、以鎰稱銖：用很重的事物去稱量很輕的事物。鎰、銖：是古代的重量單位，一鎰等於二十四兩，一兩等於二十四銖，一鎰也就是五百七十六銖。以鎰稱銖，在這裡用來比喻兩軍實力的懸殊。

三二、勝者之戰民：勝利者指揮軍隊作戰。

三三、決積水於千仞之溪者：決開積水使之從極高的山頂沖下來。仞：古代長度單位之一，一仞等於七尺，千仞形容非常之高。

三四、形：形勢，這裡指兩方懸殊的軍事實力。

【譯文】

孫子說：以前善於作戰的人，總是會預先創造不被敵人戰勝的條件以使自己處於不敗之地，然後等待可以戰勝敵人的機會。做到不被敵人戰勝，在於自己的主觀努力；能否戰勝敵人，則在於敵人是否有隙可乘。所以，善於作戰的人，能夠做到的是不被敵人戰勝，而不能做到使敵人必定被我所戰勝。所以說：勝利是可以預見的，卻是不可以強求的。

要想不被敵人戰勝，應該注重防守；想要戰勝敵人，則應該採取進攻。實力不足的時候，要實行防守，實力強大的時候，要實行進攻。善於防守的軍隊，隱藏自己就像藏於深不可知的地下一樣，無跡可尋；善於進攻的軍隊，展開兵力就像從九霄突然降下，勢不可擋。所以，善防善攻的軍隊，既能保全自己，又能獲得全勝。

預見勝利不超過一般人的見識，不能算是高明中最高明的。打了勝仗而普天之下都說好的，並不是最理想的勝利。這就像能舉起秋毫那樣細小的東西算不上力氣大，能看見太陽、月亮算不上眼睛明亮，能聽見雷霆的聲音算不上耳朵靈敏一樣。古時候所說的善於用兵打仗的人，是指那些總能戰勝容易被打敗的敵人的人。因此，這些善於用兵打仗的人雖然取得了勝利，但是沒有足智多謀的名聲，也沒有勇猛善戰的功勞。這是因為他們的勝利不是偶然的，也絕對不會有差錯。之所以不會有差錯，是由於他們所採用的作戰措施都建立在必勝的基礎上，戰勝的是那些已經陷於必敗境地的敵人。所以，善於用兵打仗的人，總是使自己立於不敗之地，而從不放過任何可以打敗敵人的機會。因此，打勝仗的軍隊總是先取得必勝的條件，然後才尋找機會與敵人交戰；打敗仗的軍隊總是先與敵人交戰，然後在戰爭中企圖僥倖取勝。善於用兵打仗的人，能夠修明政治，確保法度，所以能夠掌握決定戰爭勝負的主動權。

兵法中，用來衡量勝負的因素，一是「度」，二是「量」，三是「數」，四是「稱」，五是「勝」。因為敵我雙方所處地域的不同，所以土地幅員大小不同；敵我雙方土地幅員的大小，決定了人口和物質資源的多少；敵我雙方人口和物質資源的多少，決定了軍隊和兵員的多少；敵我雙方軍隊和兵員的多少，決定了軍事實力的強弱；敵我雙方軍事實力的強弱，決定了戰爭的誰勝誰負。所以，勝利的軍隊對於失敗的軍隊，就像用鎰（一鎰等於二十四兩）與銖（一兩等於二十四銖）相比較，占有絕對優勢；而失敗的軍隊對於勝利的軍隊，就像用銖與鎰相比較，處於絕對的劣勢。打勝仗的一方，指揮士兵作戰，就像從萬丈高的山頂上決開積蓄起來的水流，勢不可擋，這正是雙方實力對比懸殊而造成的形勢。

【名家注解】

東漢・曹操：「軍之形也。我動彼應，兩敵相察，情也。」

唐・李筌：「形，謂主客、攻守、八陳、五營、陰陽、向背之形。」

唐・杜牧：「因形見情。無形者情密，有形者情疏；密則勝，疏則敗也。」

宋・王晳：「形者，定形也，謂兩敵強弱有定形也。善用兵者，能變化其形，因敵以制勝。」

宋・張預：「兩軍攻守之形也。隱於中，則人不可得而知；見於外，則敵乘隙而至。形因攻守而顯，故次〈謀攻〉。」

【解讀】

本篇最為重點的一個字，就是〈形篇〉的「形」字。「形」一般指形狀、形態、形勢，也就是用來表現事物的外在情況，並可以因此揭示出事物的內在特點。所以，從哲學的角度來看，「形」所限定的範疇是運動的物質及其所獲得的能量和效應。

令我們驚詫的是，春秋末期的孫子雖然沒有接觸到現代哲學關於「形」的解說和運用法則，但是他在〈形篇〉中，對於「形」的深刻理解和神乎其技的靈活運用，已經將哲學中對「形」的詮釋表現得淋漓盡致。他深刻地洞察到物質基礎對戰爭結果所產生的先決作用，再加以精闢的分析論證，最終得到的重點與現代哲學的命題十分接近。這樣的先知預見，的確令人肅然起敬。

孫子戰略思想體系把「全勝」的觀點放在突出的地位。〈形篇〉的出發點亦是「全勝」，不同之處只在於此處著眼的基點，是敵我雙方軍事實力這一物質基礎，軍事實力的對比是決定戰爭勝負的基礎。所以，善於用兵的將帥總是盡力造成實力上的絕對優勢，也就是「先為不可勝」，然後「以待敵之可勝」，等待時機，抓住敵人實力上的弱點和可能被戰勝的機會發起攻擊，獲得勝利。

「為」自己之不可被戰勝，「待」敵人之可被戰勝，這樣客觀冷靜的作戰態度實在是常人很難達到的一種境界。也難怪可以做到這樣的人，被稱為「善之善者」。自己的條件可以創造，軍事實力可以設法培養加強，主觀努力能夠在一定程度上改變現狀，故曰「能為」；而敵人的軍事實力與用兵的條件，卻是我們無法憑一廂情願可以更改的，一切變化只能經由敵人內部的作用來實現，因此說「不能使」，只可等待時機，靜觀其變。勝負是可以預測的，但是不可以強求。孫子對此認識深刻且充滿辯證的智慧。

那麼，如何確保全勝，至少是不被敵方戰勝呢？孫子提出了依據實力對比而靈活運用攻守方略的具體原則。敵人實力強大，不可戰勝時，採用「守」的方略，並且要守得住，完整保存自己的實力，「藏於九地之下」，使敵人無法尋找，避免在不利條件下被迫與敵決戰；敵人實力不足，有絕對把握戰勝他時，應該選擇「攻」的方略，並要迅速出擊、速勝速決，「動於九天之上」，出其不意，勢不可擋，完全徹底消滅敵人。根據敵我雙方的實力，掌握好攻守的轉換，做到能攻善守，該攻則攻，不能攻則守，才能做到「自保而全勝」。這與「知彼知己，百戰不殆」一脈相承，是用兵作戰的理想境界。

「自保」是前提，「全勝」是目的。真正善於用兵的將帥，必然注意「自保」，先使自己「立於不敗之地」，然後很好地把握時機，「不失敵之敗」，而求得「全勝」。

為了充分說明這一點，孫子先從反面入手，對一般人通常認可的某種觀點進行分析，指出了它們不應該是真正出色的將帥所追求的境界。他們雖然能夠預測到勝利，但見識並沒有超過普通人的地方（「見勝不過眾人之所知」），透過強攻猛打而勉強取得勝績，並得到極為廣泛的讚揚（「戰勝而天下曰善」），儘管也是勝利，但不是孫子所期望、所推崇的勝利（「非善之善者也」）。究其原因，一是對敵我雙方的軍事實力及戰爭的勝負，缺乏更深刻更獨到的見解，無法確保以最小的代價獲取最大的勝利，更沒有把握「不戰而屈人之兵」，「全勝」不能，「自保」也難；二是只圖眼前之利、天下之譽，浪得善戰之虛名，卻忽略了還可以採用更好的方式、選擇更有利的機會。孫子對這樣的人十分不以為然，甚至表示了極大的輕蔑。他用一組生動漂亮且極富哲理意味的排比強烈地表達了這種情感：「舉秋毫不為多力，見日月不為明目，聞雷霆不為聰耳。」言外之意是，真正善戰者應該是察秋毫之末於陰晦幽暗之中，聞呼吸之息於千山萬水之外，舉萬鈞之鼎於傾覆即倒之時，方可言有過人之智。

接下來，孫子論述了自己認定的善戰者標準：一曰「勝易勝者」，即確切地掌握了敵人實力方面必敗的情況，捕捉到了可以一舉勝敵的最佳時機，同時自己已做好了各方面的攻擊準備，那麼，對方早已成籠中之鳥、甕中之鱉，勝利便輕而易舉，如探囊取物般十拿九穩、不費吹灰之力。二曰「戰勝不忒」，即每戰必勝，絕不會有任何差錯和閃失。其主要的原因是善戰者所採用的戰略戰術措施，能夠充分地發揮自己的實力優勢，將敵人逼到了註定要失敗的絕境。戰場上情勢千變萬化，指揮官的一著失手，極可能導致局勢的急轉直下，勝勢變為敗勢，有利化為不利，絕對的優勢兵力並不一定帶來絕對的勝利。因而，善戰者應善於「因利而制權」，「立於不敗之地，而不失敵敗也」。三曰結論：「是故勝兵先勝而求戰，敗兵先戰而後求勝。」不打無準備之仗，沒有絕對取勝的實力和機會，絕不貿然攻擊對手。因為戰爭畢竟是實力與謀略的較量，任何僥倖的心理和投機取巧的冒失，必然招致慘重的失敗甚至徹底的滅亡。

綜上所述，孫子提出了戰爭的決策者、指揮者應遵循的一個基本原則，或者說一個出色的將帥應該具備的基本素質：「修道而保法」，即「修明政治，嚴明法度」。當然，這是最基本的意思，若再去探究，我們會發現這其中有更多的道理。「道」、「法」在中國古代哲學文化中，遠比在現代語文中的涵義要豐富博大許多倍。道，既可以指政治，即所謂治國平天下之道；亦可以指事物的一般規律，「道法自然」是也；還可以指某種理論、倫常規範、行為準則和技術方法。法，既有法律、法令等必須強制遵守的行為規律的意思，也有方式方法、標準樣板、技法技巧的意義。因此，孫子所言之「道」、「法」，不僅限於政治和法律，還有用兵打仗的普遍規律和基本法則，在此處特別強調的則是對軍事實力這一物質基礎的深刻認識和主觀營造，對軍事實力所集積的能量和可能產生效力的準確計算和正確利用。

所謂「修」，即「能為」、「以待」與「不可使」，通過多方努力，使各方面的條件都向「先為不可勝，以待敵之可勝」的方向發展；所謂「保」，即「善守」「善攻」「所措必勝」，確實保證正確的策略得以順利實施，確保「立於不敗之地」的我方，能「易勝」「已敗」之敵，以期達到「自保而全勝」、「戰勝不忒」的預期目的。只有這樣，才能算真正掌握了決定戰爭勝負的主動權，才稱得上是真正善於用兵打仗的將帥。

孫子不僅詳盡論述了自己的軍事實力是取得戰爭勝負的很重要的客觀條件，還具體描述出估算軍事實力的方法——從土地幅員、人口和物質、資源、兵員和軍隊、雙方的綜合實力等方面的「鏈式」制約中，對敵我雙方的整體情況進行了仔細的比較與衡量，從而確切測定勝負的可能性和把握性。一旦確實獲得了絕對優勢，「勝兵若以鎰稱銖，敗兵若以銖稱鎰」，則應立刻採取措施發起攻擊，以飛流直下的速度和不可抵擋的氣勢，完全徹底、乾淨俐落地消滅敵人。孫子將力量的對比建立在科學計算的基礎上，從各個方面進行分析對比，與當今流行的綜合國力的計算有很多的相似之處。以今證古，我們不僅深入地認識到了孫子謀略的精義，更能直接感受到《孫子兵法》對現實針對性和普遍性的指導意義。

【案例】

軍事篇：奧斯特里茲戰役

在本篇中的「九天」一詞，直譯為高不可測的上天，「善守者，藏於九地之下；善攻者，動於九天之上」，在這裡是說無論攻方還是守方，在行動之前都要暗暗部署，不被對方察覺，這樣敵在明我在暗，情勢才能在我方的掌控之中，最終得以「自保而全勝」。在奧斯特里茲戰役中，拿破崙就是這樣取得勝利的。

在戰爭之前，拿破崙首先命令前哨撤退，派手下武官薩瓦里去見俄皇亞歷山大，懇求與俄奧聯軍休戰議和，以此示弱蒙蔽俄軍。為把議和之舉做得更像，拿破崙還請求與俄皇直接會面進行和平談判。

俄奧聯軍見拿破崙如此舉動，就以為拿破崙膽怯了，法軍筋疲力竭難以應付俄奧聯軍了，於是就決定向正在退卻的拿破崙發動進攻。一八〇五年十二月二日，俄奧聯軍與法軍在奧斯特里茲以西、維也納以北一二〇公里的普拉欽高地周圍的丘陵地帶，展開了這場血腥大戰。

拿破崙料到，俄奧聯軍以為法軍勢力弱小，定想藉這次機會致法軍於死地，一定會截斷法軍去維也納和多瑙河的退路。因此，拿破崙故意把自己的左翼調開，讓俄奧聯軍以為自己不打算保衛這個地區。他以少數兵力利用河川進行防禦，主力則集結於班托維茲至波省立茲之間地區。

十二月二日早上，俄奧聯軍果然向狄爾立茲、索科爾立茲方向發起攻擊。拿破崙以少量兵力在此狙擊，牽制聯軍主力的進攻，而將法軍主力早已集中於俄奧聯軍兵力較弱的中央和右翼陣地。戰鬥開始後，法軍首先抵禦了聯軍的進攻，隨即把握時機搶占了普拉欽高地。到了中午，法軍在普拉欽方向擊潰聯軍，並切斷狄爾立茲方向聯軍的後路。聯軍被逼到半冰凍的薩地斯湖上，這時，法軍向著湖水進行猛烈的炮火攻擊。冰層被炸碎，聯軍的火炮等重型裝備掉進水裡，騎兵陷入泥淖，眾聯軍士兵或被淹死，或被凍死，或被打死，慘不忍睹。

奧皇法蘭茲和俄皇亞歷山大倉皇逃走，俄軍司令官庫圖佐夫受傷且險些被俘，法軍大獲全勝。法軍的全勝也同時成功瓦解了第三次反法同盟。此後，恩格斯曾對這場戰役進行這樣的評價：「奧斯特里茲戰役是戰略上的奇蹟。只要戰爭還存在，這次戰役就不會被忘記。」可見拿破崙在這場戰爭中的超群表現。

其實，拿破崙的作戰方式與孫子的思想如出一轍也並不奇怪，原來拿破崙也曾手不釋卷地研讀過《孫子兵法》，並且在戰爭中加以出色運用。他深諳《孫子兵法》的精髓，守時將鋒芒盡收，攻時又羽翼頓開，殺得對方措手不及，最終贏得勝利。

〈勢篇〉

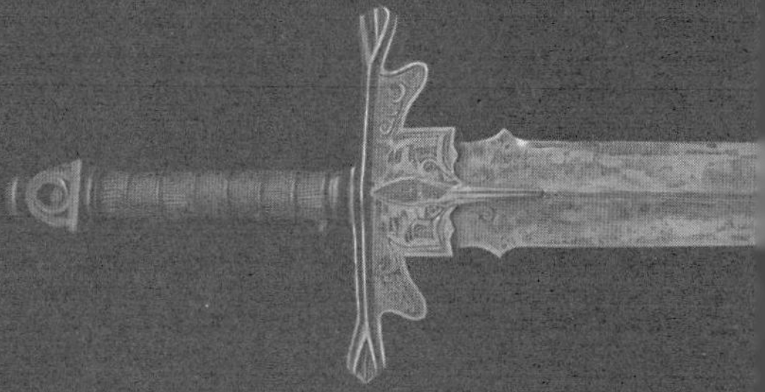

【原典】

孫子曰：凡治眾[一]如治寡，分數[二]是也；鬥眾[三]如鬥寡，形名[四]是也；三軍之眾，可使必受敵[五]而無敗者，奇正[六]是也；兵之所加，如以碫投卵[七]者，虛實[八]是也。

凡戰者，以正合[九]，以奇勝[一〇]。故善出奇者[一一]，無窮如天地，不竭如江河[一二]。終而復始，日月是也；死而復生，四時是也。聲不過五，五聲[一三]之變，不可勝聽[一四]也；色不過五，五色[一五]之變，不可勝觀也；味不過五，五味[一六]之變，不可勝嘗也。戰勢[一七]不過奇正，奇正之變，不可勝窮[一八]也。奇正相生，如循環之無端[一九]，孰能窮之？

激水之疾[二〇]，至於漂石[二一]者，勢也[二二]；鷙鳥[二三]之疾，至於毀折[二四]者，節[二五]也。是故善戰者，其勢險，其節短。勢如彍弩[二六]，節如發機[二七]。

紛紛紜紜[二八]，鬥亂而不可亂也；渾渾沌沌[二九]，形圓而不可敗[三〇]也。亂生於治，怯生於勇，弱生於強[三一]。治亂，數也[三二]；勇怯，勢也[三三]；強弱，形也[三四]。故善動敵者，形之，敵必從之[三五]；予之，敵必取之[三六]。以利動之，以卒待之[三七]。

故善戰者，求之於勢，不責於人[三八]，故能擇人而任勢[三九]。任勢者，其戰人[四〇]也，如轉木石。木石之性，安則靜[四一]，危則動[四二]，方則止[四三]，圓則行[四四]。故善戰人之勢，如轉圓石於千仞之山者四五，勢也。

【注釋】

一、治眾：管理人數眾多的軍隊。治：治理，管理。

二、分數：軍隊的編制和組織。

三、鬥眾：指揮人數眾多的人作戰。

四、形名：旌旗曰形，金鼓曰名，古時軍隊使用的指揮工具、聯絡信號等，這裡引申為指揮。

五、必受敵：軍隊全部受到敵軍的攻擊。必：通「畢」，在這裡引申為全部。

六、奇正：古代兵法的常用術語。一般的、常規的兵法稱之為正，特殊的、變化的兵法稱之為奇；先出招為正，後出招為奇；正面迎擊的部隊為正，側面包抄、採取迂迴戰術的部隊為奇；明攻的策略為正，暗襲的策略為奇。總體概括就是，在人們意料之中的事就是正，出乎人們意料的事就是奇。

七、以碫投卵：用堅硬的石頭碰雞蛋，比喻實力強的部隊進攻實力弱的部隊，實力弱的部隊會不堪一擊。碫：磨刀石，這裡泛指堅硬的石塊。卵：雞蛋。

八、虛實：兩軍兵力空虛或充實。

九、以正合：讓軍隊與敵人正面交戰。合：交戰。

一〇、以奇勝：以奇兵取勝，出奇制勝。

一一、善出奇者：善於使用奇計的人。

一二、無窮如天地，不竭如江河：（策略）像天地萬物一樣變化無窮，像江河的水那樣長流不息。竭：枯竭。

一三、五聲：古代的五個音階，這五音分別是宮、商、角、徵、羽。

一四、不可勝聽：聽不盡的音樂。勝：在這裡作「盡」解。

一五、五色：自然界基本的顏色，即青、黃、赤、白、黑五種顏色。

一六、五味：事物基本的味道，酸、甜、苦、辣、鹹五種。

一七、戰勢：這裡指具體的兵力部署和作戰方法而形成的戰爭態勢。

一八、不可勝窮：無窮無盡的意思。

一九、奇正相生，如循環之無端：這裡指奇的策略和正的策略相互依存、相互轉化。就如同順著圓環旋轉一樣沒有止境。

二〇、激水之疾：湍急的流水以飛快的速度奔瀉。疾：急速。

二一、漂石：把石頭沖走。

二二、勢：勢態，這裡指具有巨大衝擊力的態勢。

二三、鷙鳥：鷹、鷲之類的猛禽。

二四、毀折：捕殺、損傷。
二五、節：時機、關節。
二六、彍弩：拉滿待發的弓箭。
二七、發機：觸發弓弩的機鈕。
二八、紛紛紜紜：多雜紊亂的樣子。
二九、渾渾沌沌：混迷不清的樣子。
三〇、形圓而不可敗：形圓是一種呈圓環形的陣勢。這種陣勢，首尾相接，運動自如，利於防守。
三一、亂生於治，怯生於勇，弱生於強：軍隊要示敵混亂，本身必須嚴整；軍隊要示敵怯懦，本身必須勇敢；軍隊要示敵軟弱，本身必須堅強。
三二、治亂，數也：軍隊的嚴整或者混亂是由軍隊的編制和組織是否合理決定的。數：即「分數」，指軍隊的編制和組織。
三三、勇怯，勢也：戰爭態勢的優劣決定士卒的勇敢或怯懦。
三四、強弱，形也：雙方的實力決定軍隊戰鬥力的強弱。
三五、形之，敵必從之：以假象迷惑敵人，敵人必定上當，作出錯誤的舉動。形，假象，向敵人示以軍形。
三六、予之，敵必取之：先用小利引誘敵人，敵人一定會上鉤。

三七、以利動之，以卒待之：用小利引誘敵人中計，用伏兵伺機破敵。
三八、不責於人：不苛求下屬。
三九、擇人而任勢：挑選合格的人才，充分利用或創造有利的態勢。擇：選擇。任，任用。
四〇、戰人：指揮軍隊與敵人作戰。
四一、安則靜：把（木頭和石頭）放在平坦安穩的地方，它們就會靜止不動。
四二、危則動：把（木頭和石塊）放在險峻的高處，它們就會自行滾動。
四三、方則止：方形的物體容易靜止不動。
四四、圓則行：圓形的物體容易滾動自如。
四五、轉圓石於千仞之山者：從高達七百丈的山頂向下滾動圓石。

【譯文】

孫子說：一般來講，管理人數眾多的軍隊，就像管理人數很少的軍隊那樣容易，是軍隊編制和組織得合理的原因；指揮大部隊作戰，能夠像指揮小部隊作戰那樣得心應手，是因為旌旗鮮明、鼓角響亮，通訊聯絡暢通；能使全軍在遭受敵人進攻時不致失敗，關鍵在於「奇正」戰術的運用要隨機應變；指揮軍隊進攻敵人，就像用堅硬的石頭砸雞蛋那樣一擊即潰，關鍵是避實擊虛策略的正確運用。

通常，作戰總是以「正」兵迎敵，以「奇」兵取勝。善於用奇兵取勝的將帥，他的戰術變化，就好像天地的運行一樣，無窮無盡，像江河的流水一樣，永不枯竭。周而復始，這是日月運行的規律；衰而復盛，這是四季更替的法則。音調不過五種（宮、商、角、徵、羽），但五音的變化可以組成各種各樣聽不盡的樂曲；色素不過五種（青、赤、黃、白、黑），但五色的配合可以繪出多姿多彩看不完的圖畫；味道不過五種（辛、酸、鹹、甜、苦），但五味的調和可以做出有滋有味嘗不遍的佳餚；作戰的戰術方法不過「奇」（特殊戰術，出奇制勝）和「正」（常規戰術，按部就班）兩種，但奇正的變化無窮無盡，不可勝數。奇與正的相互依存、相互轉化，就像順著圓圈旋轉那樣，無頭無尾，誰又能窮盡它呢？

湍急的流水快速地奔瀉，以致能夠把石頭漂浮移動，那是由於水勢強大的緣故；凶猛的鵰鷹奮飛搏擊，以致能捕殺雀鳥，那是由於掌握了時機節奏的緣故。因此，善於指揮戰爭的將帥，他所造成的態勢總是險峻逼人，發起攻擊的時機節奏總是短促迅捷。這樣的險勢就像張滿了的弩弓，箭在弦上，蓄勢待發；這樣的短促節奏就像用手扣動扳機一樣，一觸即發。

戰旗紛飛、人馬混雜，在混亂中指揮戰鬥，要能保證自己的軍隊整齊不亂；兵如潮湧，渾沌不清，要使自己的軍隊陣形周密而立於不敗。向敵人顯示混亂的假象，是建立在對自己的軍隊有嚴整的組織管理的基礎之上；向敵人顯示怯懦，是由於本軍將士有勇敢的素質；向敵人顯示弱小，是由於自己擁有強大的實力。嚴整或者混亂，是軍隊組織編制好壞的結果；勇敢或者怯懦，是士兵素質態勢的外在表現；強大或者弱小，是軍事實力大小的顯現。所以，善於調動敵軍的將帥，用偽裝假象迷惑敵人，敵人就會聽從調動；用好處引誘敵人，敵人就會上當前來奪取。用利益來引誘調動敵人，並以重兵等待敵人，伺機聚而殲之。

所以說善於作戰的人，總是注意造就有利於己的必勝態勢，而從不對部屬求全責備。因此他們能夠很好地量才用人，利用和創造必勝的態勢。能夠充分利用必勝態勢的人，他們指揮戰爭就像轉動木料、石頭一樣。木石的特性是，放在安穩平坦的地方就靜止不動，放在險峻陡峭的地方就會滾動；方形的木石容易穩定靜止，圓形的木石則滾動自如。所以，善於指揮作戰的人所造成的有利態勢，就像把圓石放在萬丈高山上往下滾一樣，這就是所謂的「勢」。

【名家注解】

東漢．曹操：「用兵任勢也。」

唐．李筌：「陳以形成，如決建瓴之勢，故以是篇次是。」

宋．王晳：「勢者，積勢之變也。善戰者，能任勢以取勝，不勞力也。」

宋．張預：「兵勢一成，然後任勢以取勝，故次〈形〉。」

【解讀】

本篇與上一篇之間有著密切的內在聯繫，是繼上一篇的主旨接著論述「攻守」戰術，詳細講解了「形」與「勢」之間的不同。「形」指的是運動的物質，「勢」則指物質的運動，可以說，「形」是基礎，「勢」則是結果；「形」有展示顯露的端倪，而「勢」則是現象之下隱藏的必然趨向。

物質之「形」是客觀存在，運動之「勢」則可以主觀造就，有了軍事實力之「形」，還需有善於造勢、用勢的出色指揮官，否則，優勢實力便不能化為必然勝利之「勢」。將帥的主觀能動性，對於戰爭的勝負來說，至關重要，所以孫子先在〈形篇〉中講述了軍事實力的重要性和對客觀條件的有效利用，強調客觀物質力量的積聚，又繼而在〈勢篇〉中著重論述戰爭指揮者的「治」、「鬥」、「變」與「任勢」，即造勢與用勢，強調的是主觀能動作用的發揮。

〈勢篇〉論述的主要問題，是戰爭的結果是將帥們戰術原則的運用和必勝態勢造成的。

首先，用兵作戰時，將帥想要充分發揮自己的主觀能動性，使軍隊的實力得到最大限度的運用，就必須掌握好四個環節：「分數」、「形名」、「奇正」、「虛實」。「分數」就是部隊的組織編制，這是治理全軍、統率兵眾的關鍵，如果編制有序，組織嚴密，部隊的管理就能輕鬆自如，因此孫子把「分數」排在第一位。「形名」就是部隊通風報信的能力：目之可見為形，此處指用於聯絡的旌旗；耳之所聽為名，此處指傳達進退命令的金鼓號角。指揮者的意圖能否順利傳達、部隊能否及時調度，靠的就是「形名」，這直接關係著戰局的進行和勝敗，所以居次位。「奇正」是用兵的戰術及其變化。正面迎敵為正，側面襲擊為奇；明攻為正，偷襲為奇；按常規作戰為正，採用特殊戰術為奇。「奇正」戰術的正確使用和靈活變化，是軍隊遭到敵人攻擊而不被打敗的成功訣竅。最後是「虛實」，就是指行軍作戰要善於避實擊虛，造成以實擊虛、以石擊卵的絕對優勢，這正傳承了〈形篇〉中講到的「勝於易者」、「勝已敗者也」。

總體來說，想要取勝，就要有嚴密的組織體系、暢通的指揮通訊系統、奇正結合靈活機動的戰術和正確選定的主攻方向，四者有著嚴密的邏輯聯繫和邏輯順序，必須緊密配合，才能把勝利由可能變成現實。

其次，本篇又單獨拿出「奇正」，進行深入講解，提出「以正合，以奇勝」的重要命題，論述了奇正相依相存、相互轉化的無窮魅力和致勝奇效。用兵打仗無非奇正兩種戰法，一般的使用原則是用正兵迎擊敵人，尤其是在防守過程中，更應集中兵力有效地攔擊進犯之敵。在主動進攻時，則要用奇兵獲取勝利，更要攻其不備、出奇制勝。這是奇正戰術的第一層基本原則。在「奇正」戰術中，孫子突出強調的方面是「奇」，因為「奇」本身超出常規通法，「奇」的變化無窮無盡，難以勝數。天地、江河、日月、四時的無窮無盡、循環往復，五聲、五色、五味的變幻組合、層出不窮，孫子用一系列美妙精闢的比喻，將難究其義、不見其形的奇正之變、奇正相生等抽象理論，形象生動地展現在讀者面前，不由人不服。這是第二層，就文章之道而論，也是一例「以奇勝」的成功典範。奇也好，正也罷，都是方法，而不是目的。相依相存、相互轉化的目的是為了造成必勝的態勢，譬如疾可漂石的水勢，速可毀折的節奏。善戰者用奇正之術，目的在於營造「勢如弓廣弩，節如發機」的兵勢，可以突發奇兵，直搗黃龍，大獲全勝。這是第三層，結束對奇正的分析。第四層便進入奇正的運用，指出造成出奇制勝的兵勢，有兩個重要的方面：一是完善自我，部隊要訓練有素、組織嚴密，能在人馬雜亂、戰旗紛飛的混戰中，做到建制不亂，指揮有力；要布陣周密、首尾相接，能在兵如潮湧、渾沌不清的情況下，做到圓潤自如，立於不敗。二是詭道誘敵，隱蔽真相，示敵以偽裝，掩蓋真實目的，給敵以小利，引誘敵人上當，聽從我們的調動，然後聚而殲之。治亂、勇怯、強弱之間，有著深刻的內在聯繫，它不僅是由客觀情形與實際力量決定的，而且對立的兩方面是一種辯證統一的關係，即有治方可示敵以亂，有勇方可示敵以怯，真正強大方可偽裝弱小，否則詭道誘敵便無從談起。如果按孫子固有的思路和習慣的做法，我們也可將完善自我稱為「正」，而將詭道誘敵叫做「奇」。奇正相生，「正」是母親而「奇」為子息，輩份是不能亂的。

最後，要選擇適當的人充任戰爭的指揮，認清自己的有利形勢，並最終把勝勢變成實實在在的勝果。上文中提到孫子有「勢險」、「節短」兩個重要原則，是對〈計篇〉中「造勢」（「乃為之勢」）的具體要求，並力陳用「示形誘敵」的方法調動敵人（兵家謂之「動敵」）形成優勢。這一切都是主觀努力的結果。但「造勢」不過只是條件的準備而已，「任勢」才是最關鍵的。有了優勢而不利用，優勢就沒有意義，「造勢」也就不知是為誰辛苦為誰忙了。因此，「擇人而任勢」便是必然的邏輯終點。孫子明白地表示，人的因素是第一，將帥發揮決定作用。善於指揮打仗的將帥，「求勢」而不「責人」，「擇人而任勢」。能夠充分利用有利態勢的將帥，所指揮的軍隊就像從萬丈高山之上滾動衝下的圓形木石一樣，勢不可擋，無往不勝。

本篇從一開始先說明「勢」的基礎——分數、形名、奇正、虛實，再說明造「勢」的方法——以正合、以奇勝，最後說明用「勢」的關鍵——擇人任勢。文章以優美的文字和生動形象的比喻，將生澀的軍事理論深入淺出地講解出來，可以使讀者輕鬆瞭解並認同這種戰略思想，通篇下來，令人如含英咀華，回味無窮。

【案例】

軍事篇：剛愎自用遭慘敗

在〈勢篇〉中，孫子把將領的作用擺在了首位。他認為，在行軍打仗的過程中將領的作用是很重要的，因為將領具有極強的指向性，士兵由將領指揮，戰術由將領制定。沒有一個好的將領，軍隊的優勢就發揮不出來，戰爭想要取勝就很難。

東漢末年的官渡之戰中，曹操和袁紹就分別是好將領和壞將領的典型代表，他們個人在謀略上正確或錯誤的決策影響了戰爭的勝負。

當時，東漢王朝已經名存實亡，各地豪強、官吏紛紛擴展壯大自己的勢力範圍，占據地盤，形成了許多大大小小的割據勢力。這些割據勢力之間連年征戰，互相兼併，局面異常混亂，其中當屬河北的袁紹和兗豫的曹操勢力最大。

袁紹出身名門，是「四世三公」之後（三公：是指當時掌握最高軍政大權的三個官——太尉、司徒、司空。袁氏四代都有人做這三個官，故有此說），是東漢末年官僚大地主的代表人物。到西元一九五年，袁紹經過幾番征戰，已經占有冀州、青州、并州、幽州等地，地廣兵多、勢力強大。曹操也出身於官僚地主家庭，他曾投靠過袁紹，但在西元一八四年鎮壓黃巾起義的戰鬥中，曹操組建並發展了自己的武裝力量，自立門戶，背離了袁紹。

後來，袁紹擊敗河北的公孫瓚，逐步將整個河北地區控制在自己手中。而曹操這邊，也已占有了兗州、豫州地區，發展成為一支在黃河以南較強的割據勢力。曹操與袁紹兩大割據集團，大致形成了沿黃河下游南北對峙的局面。袁紹在此時又想進一步擴展勢力，稱霸中原，於是準備南下與曹操決戰，進攻曹操的統治中心許昌。

袁紹的謀士沮授、田豐等人勸他說，袁軍與公孫瓚作戰歷時三年，雖取得勝利，但戰士們已經相當疲勞，在這個時候，不應急於攻打曹操，而應該「務農逸民」，休養生息，以增強經濟軍事力量。謀士審配、郭圖為了迎合袁紹的喜好，力主馬上出兵攻曹。袁紹見有人支持自己的想法，就挑選精兵十萬、戰馬萬匹，於西元一九九年陳兵黃河北岸，準備伺機渡河，與曹操展開決戰。

袁紹的這一突然出兵讓曹操變得非常被動，因為一方面他兵力不如袁紹廣眾，受到袁紹大軍的威脅，而另一方面，又有荊州劉表、江東孫策與他為敵，曹操處於三面受敵的狀況，形勢極為不利。當時曹操手下的一些部將被袁紹表面的優勢所嚇倒，認為袁紹強不可敵。曹操很瞭解袁紹，他對部將們說，袁紹野心雖大，但缺少智謀。他表面上看起來氣勢洶洶、來勢猛烈，但實際上缺乏膽略，而且他這個人疑心很重，不相信別人，還忌妒別人的才能，因此常常會錯過有利時機，所以這一戰，鹿死誰手還不知道呢。

曹操的謀士荀彧也認為袁軍內部不團結，雖然兵多將廣，但將帥們驕橫，政令不一、指揮不明，各懷異心，謀士之間矛盾重重，所以雖然袁軍大兵壓境，但並非堅不可摧，打贏此戰還是有把握的。聽了曹操與荀彧的分析，部下們增強了戰勝袁軍的信心。

曹操在仔細分析敵我雙方的情況後，決定把主力布置在袁紹奪取許昌的必經之地——官渡，採取以逸待勞、後發制人的戰略方針來迎擊袁軍。他之所以沒有沿黃河處處設防，而是選擇官渡作為防守要地，是因為官渡地處鴻溝上游，瀕臨汴水，經由運河可以西連虎牢、鞏、洛等要隘，東接淮泗，由北至東形成許昌的屏障。守住官渡就能扼住咽喉，使袁紹不得順利進軍，並可為反攻殲敵創造條件。於是曹操將主力調到黃河南岸的官渡，以阻擋袁軍正面進攻，同時派衛凱鎮守關中地區，魏種鎮守河內，防止袁紹從西路進犯，派臧霸等率兵由徐州入青州，從東方鉗制袁紹向西進犯，派於禁屯守黃河南岸的重要渡口延津（今河南延津北），協助扼守白馬（今河南滑縣東，在黃河南岸）的東郡太守劉延，阻止袁紹的軍隊渡河和長驅南下進攻。

天有不測風雲，正當曹操部署對袁紹的作戰計畫的時候，劉備起兵占領曹操征服呂布後奪取的徐州、下邳等地，並派關羽駐守。東海及附近郡縣也大部分歸附了劉備。劉備的實力猛增，兵馬迅速增至數萬人，並頻繁與袁紹進行聯繫，打算聯手進攻曹操。看到這種情況，曹操為了避免兩面作戰，只得搶先一步發起對劉備的進攻。

西元二〇〇年一月，曹操親率精兵東攻劉備，他知道這一戰只能勝不能敗，勝了還有回攻袁紹的機會，敗了局面就更艱難了，所以這一戰，曹操全力以赴，最終一舉擊敗了劉備的進犯。劉備隻身逃往河北投靠了袁紹，關羽則被迫投降了曹操。這次勝利，使得曹操有了喘息之機，也鼓舞了曹軍的士氣。

其實，在曹操討伐劉備時，袁紹本可以趁虛而入攻打曹軍的。當時，袁紹的謀士田豐建議袁紹趁曹操大兵東進，後方空虛之時，立即發兵襲擊曹軍的後方。但是，袁紹優柔寡斷，沒有採納田豐的建議，致使曹操順利地擊敗了劉備，並及時返回官渡繼續抵禦袁紹的進攻。直至西元二〇〇年二月，袁紹才發布了聲討曹操的檄文。袁紹大軍開進黎陽（今河南浚縣東北），把這裡作為指揮部，計畫渡河與曹軍主力決戰。

袁紹首先派大將顏良進攻白馬，奪取了黃河南岸的要點，以保障主力渡河。顏良聽命率軍渡過黃河，直撲白馬與曹軍交戰。駐守白馬的東郡太守劉延雖竭盡全力，堅守城池，可還是難以抵擋袁軍的攻擊，士兵傷亡慘重。看到這種情況，荀彧便向曹操獻計說：「我軍兵少，集結在官渡的主力也只有三、四萬人，不足以對付袁紹眾多的兵力，更不能與袁軍正面交鋒。應設法分散袁紹的兵力，藉機各個擊破。」

荀彧建議曹操先引兵到延津，假裝準備渡河攻擊袁紹後方，到時袁紹一定會向西分兵增援，這時再派輕裝部隊迅速襲擊進攻白馬的袁軍，攻其不備，一定可以擊敗顏良。曹操採納了荀彧這一聲東擊西之計。

袁紹果然中計，分兵增援延津。曹操立即按計畫行事，派張遼、關羽為前鋒，調轉輕騎，奔襲白馬。當曹軍逼近至白馬十餘里路時，顏良才發現突然而至的曹軍，關羽火速逼近顏良，乘其不備斬其於陣前，袁軍一見立刻大亂，紛紛潰散。

解了白馬之圍後，曹軍便沿黃河向西撤退。袁紹這邊因為攻打白馬失敗，還喪失了一員大將，十分惱怒，定要與曹軍爭個你死我活，於是就率軍渡河追擊曹操。

這時，沮授急忙諫阻袁紹說，主力部隊現在最好還是駐守黃河北岸，調動兵力進攻官渡。若能攻下官渡，大軍再過河為時不晚。如果現在貿然南下，萬一攻擊失敗，就有全軍覆沒的危險。袁紹向來驕傲自負，認為此戰必勝，根本聽不進他人的勸告。沮授見袁紹固執己見，覺得袁紹不是好的統帥，跟著他也是白跟，便藉口有病向袁紹提出辭職。可袁紹不但駁回了沮授的辭職，還把應該由沮授統領的軍隊交給了郭圖。

曹操見袁軍追來，便命令士卒解鞍放馬，讓袁軍以為曹軍丟盔棄甲，軍心渙散，引誘袁軍輕敵冒進。袁軍果然上當，派出大將文醜與劉備率兵追擊曹軍。當袁軍進至延津以南時，見到路邊的輜重只顧爭搶，對步步陷入的危境毫無警覺，曹操看袁軍陣形混亂，便向袁軍發起突然攻擊，一舉打敗了袁軍，殺了大將文醜，順利退回官渡。

經歷了白馬、延津兩戰，袁軍雖都失利，但兵力仍十分強大，占有絕對優勢。七月，袁紹進軍陽武（今河南中牟北），準備再次南下進攻許昌。沮授又來勸說袁紹：「我方士兵雖多，但不及曹軍勇猛，可曹操的糧食、物資不如我們充足，所以我們應該採取持久戰的策略消耗曹軍的實力，等到他難以支持時再一舉將其擊潰。」但是剛愎自用的袁紹這回仍然不聽沮授的勸告，下令繼續前進。一個月後，袁軍逼近官渡，與曹軍在官渡形成對峙之勢。

九月，曹操向袁軍發起了一次進攻，但未取得勝利。所以，曹操吸取了教訓，便深溝高壘，固守陣地，不再出擊。袁紹見曹軍堅壁不出，便命令士兵在曹軍營外堆起土山，砌起高臺，用箭射擊曹軍，曹營士兵來往行走都得用盾牌遮蔽身體或匍匐前進。曹操針對這一情況，發明了一種拋發石塊的車子，發射的石塊將袁軍的箭樓擊毀。袁軍又挖掘地道偷襲曹軍，曹操則命令士兵在軍營四周挖掘長溝，截斷了袁軍的地道。就這樣，雙方你來我擋地相持了大約三個月。

在相持過程中，袁紹還派出劉備攻擊汝南、潁川一帶。曹操見後方不太穩定，而自己兵將較少，糧食不充足，士卒也已極為疲勞，覺得長期與袁紹周旋下去相當危險，心中就產生了動搖，想退軍回守許昌。但他並沒有貿然行事，而是先寫信給留守許昌的荀彧徵求他的意見。荀彧回信建議曹操堅持下去。他說，雖然曹軍目前的處境困難，但袁軍的力量也幾乎用盡，同樣面臨困境。這時候正是戰勢即將發生轉折的時刻，也是出奇制勝之時，誰先退卻誰便會陷入被動，所以要以不變應萬變，千萬不能因為沉不住氣而失去即將出現的戰機。

曹操聽從了荀彧的意見，一方面決心加強防守，堅持危局，命負責供給糧草的官員想辦法解決糧草補給的問題；另一方面則積極尋求和捕捉戰機，想給袁軍以有力的打擊。最後，曹操決定以截燒袁軍糧草的辦法爭取主動。他先派軍隊攔截了袁紹的運糧軍隊，將截獲的數千輛糧車全部截獲，就地燒毀。不久，袁紹又把一萬多車糧草集中在烏巢，派淳于瓊率軍守護。鑑於前次糧食被燒，沮授建議袁紹另派一支部隊駐紮在淳于瓊的外側，兩軍形成犄角之勢，以防曹軍再次抄襲。袁紹覺得此舉多餘，沒有採納。

謀士許攸向袁紹獻策說：「曹操本來兵少，現在集中力量與我軍在官渡相持，根本沒有兵力再管許昌。許昌內部一定空虛，所以現在我們可派一支輕騎日夜兼程襲擊許昌，定能一舉攻克，就算許昌拿不下，也會造成曹操首尾不能相顧，疲於奔命的局面，給我軍造成打敗他的機會。」但袁紹依然不改傲慢的態度，拒絕這一出奇制勝的建議，他回應說：「不必多此一舉，我一定要在此地擒住曹操。」於是繼續與曹操在官渡對峙。

恰巧在此時，許攸的家屬在鄴城犯了法，被留守鄴城的審配關押了起來。許攸一怒之下，連夜離開袁營，投降了曹操，受到曹操的熱情迎接。許攸見曹操重視自己，就向他詳細介紹了袁軍的情況，並獻計說：「袁紹有一萬多輛輜重糧草囤積在烏巢，守軍防備不嚴。如果以精兵出其不意地襲擊烏巢，燒掉他的糧草，不出三天，袁紹必定失敗。」糧食是關係到雙方勝敗的關鍵。此時，曹操只有一個月的軍糧了，如果打持久戰，那顯然對曹操不利。許攸的建議，正符合曹操尋找機會出奇制勝的作戰意圖，因此立即實行，他自己親率步騎五千前去攻打烏巢。

曹操將自己的軍士偽裝成袁軍，令軍士們一律改穿袁軍的服裝，用袁軍的旗號，連夜從偏僻的小道快速向烏巢進發。途中，遇到袁軍的盤問，但曹操詭詐，自稱是袁紹為鞏固後方調派的援軍，騙過了袁軍。

順利到達烏巢後，曹軍立即放火燒糧。一時大火沖天，袁軍大亂。黎明時，淳于瓊見曹軍人少，就衝出營壘迎戰曹軍。曹操揮軍衝殺，淳于瓊不敵曹軍勇猛攻勢，被迫退回營壘堅守，請求袁紹增援，但袁紹此時不但不派兵增援淳于瓊，反而認為這是攻克官渡的好機會，就命令高覽、張郃等大將領兵攻打曹軍大營。

張郃認為這樣做很危險，勸袁紹領精兵救援烏巢。郭圖卻迎合袁紹的意圖，堅決主張攻打曹營。他說攻打曹營，曹操必定引兵回救，烏巢之圍就會自解。於是，袁紹只派少量軍隊救援烏巢，而以主力攻打官渡的曹營。哪知道曹營堅固非常，一時之間難以攻克。

曹操這邊得知袁軍進攻自己大本營的消息後，並沒有馬上回兵救援。他知道自己手中只有五千兵士，回去也是杯水車薪，根本改變不了大局，於是更加奮力攻擊淳于瓊，決心把剩下的糧食全部燒掉。

當袁紹增援的騎兵迫近烏巢時，曹操左右的人請求分兵去阻擋。曹操回應說：「等敵人到了之後再來報告！」說完就指揮部下加緊攻打淳于瓊。曹軍士卒處於腹背受敵的危機境地，便越發英勇地與敵軍展開殊死決戰，最後殺了淳于瓊，將烏巢的糧草全部燒毀。

當烏巢糧草被燒的消息傳到前線時，袁軍上下軍心動搖。郭圖之前反對張郃用重兵救援烏巢，現在烏巢大敗，他害怕袁紹追究自己的責任，就在袁紹面前造謠，說張郃為袁軍的失敗而高興。張郃遭到中傷，既生郭圖這個小人的氣，又害怕袁紹聽信他的話，便與高覽一起焚毀了攻戰器具，投降了曹操。

張郃、高覽兩人的降曹，使得袁軍人心更加混亂。曹操又得到兩名大將，趁此機會，一鼓作氣，率軍全面發動攻擊，迅速消滅了袁兵七萬多人。最終，官渡之戰以袁軍大敗宣告結束。

在官渡之戰中，因為袁紹剛愎自用，不聽勸告，一而再再而三地發出錯誤命令，所以損兵折將，倉皇逃脫。曹操領兵方法得當，對戰爭形勢把握得恰到好處，以少勝多，扭轉大局。孫子在這篇中主要強調的就是將領的指向性作用，官渡之戰正是印證孫子這一軍事思想的很好實例。

商業篇：重定位，獲新生

「善戰者，求之於勢」。一個將領想要取得勝利，就是要造成對自己有利的勢態，重視「勢」的作用。一個企業想要成功也是這樣，要造勢而不要被周邊的環境牽著走，要學會定位企業的業務重心，選定並進入那些具有巨大前景的業務，使企業得以集中力量進行開發和擴展，破除制約企業施展手腳的障礙，真正做到往一個方向使勁，從而使企業獲得更大的優勢，增加經營的彈性。

一九八〇年代初期，英特爾公司的主要業務是做記憶體，但由於受到半導體企業削價競爭的衝擊，使得英特爾公司在市場上節節敗退。到了一九八五年，英特爾公司不得不正式宣布退出競爭，試圖在晶片行業重振旗鼓。然而，在晶片市場上，卻又受到晶片設計新架構的衝擊，英特爾公司也處於難以招架的境地之中。

直到一九八八年，英特爾公司才找到自己的定位，重獲新生。可以說一九八八年是英特爾公司發展過程中的轉捩點。

在這一年的年度計畫中，英特爾公司制定了未來幾年的發展目標——「躋身新電腦核心，成為產業領導者」。這為公司長期發展立下了明確的目標，理清了公司在市場中的定位——做產業的領導者。

由此英特爾公司設立了兩個支撐點，首先一個就是瞄準網路產品，占領制高點。事實上，占領了制高點，也就是占領了商家的必爭之地，爭得先機，先發制人。

想要先人一步，就要把目光放長遠，要看到未來的趨勢走向，因此英特爾公司高薪聘請了一批著名電子專家組成「超前決策智囊團」，研究和預測一九九〇年代初世界半導體市場的發展趨勢。智囊團的報告指出，一九九〇年代初，電腦將加速微型化。所以價格低廉，安裝、使用和攜帶方便的電腦將廣泛運用於辦公室和千家萬戶。看到這個報告，英特爾公司意識到將來對中央處理器（CPU）的性能要求將大大提高，因為其性能體現了電腦先進技術的關鍵，而同時這也正是英特爾公司的特有專長。為此，英特爾公司先後投資三十億美元用於加速研製微型而高性能的晶片，並將這次著眼於「產業的關鍵」的產品定位貫穿於其後的經營決策中。

一九九〇年代前期，英特爾公司正式進入網路產品的生產。在網路產品中，主要分為工作組、中型部門級和大型骨幹級這幾類。其中，工作組是所有網路中最基本的組成部分，所以英特爾公司決定將其網路產品的聚焦點集中在工作組中，以領導工作組網路市場的發展，從而影響到整個網路市場的發展。

在正確的經營決策引導下，到了一九九五年，英特爾公司成為世界第二大網卡生產商，網卡市場的四四%都被它占領了。其次，英特爾公司力求讓自己成為產業標準的建設者，因為在電腦行業中，遊戲規則之一就是要「符合產業標準」。電腦行業的專業化分工水準高，產品要順利進入市場，除了性能優越外，獲得其他軟硬體製造商的支持是最關鍵的。英特爾公司諳熟此規則，所以它將塑造「產業標準的建設者」作為建立產業領導者形象的核心。

當英特爾公司實力不強時，它要以最好的產品來符合現行標準，以便進入新的領域。例如在英特爾公司研製「286晶片」、爭奪十六位元架構市場時，英特爾公司的產品開發概念是要做到「軟體的相容」，即產品要符合市場對十六位微電腦的要求，讓使用者能繼續使用原有的八位元軟體，這樣新的晶片更易於為各種使用者所接受。當英特爾公司具備一定實力的時候，情況也就不一樣了。

英特爾公司要從之前的「被領導者」的角色轉變為「領導者」的角色，它決心要以「超前決策」和「領先開發」來引導和促進產業標準的發展和更新，成為「產業標準推動者」。

一九九一年，英特爾公司決定同時開發第五代和第六代晶片。兩代晶片的系列產品生產出來之後，就以閃電般的速度進軍市場，並逐步成為新型個人電腦的主流，以致電腦使用者都拒絕使用非英特爾—奔騰的電腦。這使得競爭對手不得不聯合起來對自己的晶片進行相應的奔騰升級，這在無形中就成就了英特爾作為「領導者」的地位。隨後，英特爾公司快速出擊，在「100Base-x」還沒最終確定為國際標準時，就成為全球第一家推出符合此標準網卡的公司，並逐步推出相應的集線器，提供建立網路完整的解決方案，促進了「100Base-x」作為產業標準的推廣。

高級工業分析家保勃・愛德爾曾針對英特爾公司交付掌上型電腦（PDA）平臺方案這一事件說過這樣一句話：「英特爾公司一旦介入到這個領域，就會吸引其他廠商圍繞著英特爾公司晶片實現掌上型電腦產品的標準化。」可見，在進入新領域時，英特爾公司「產品標準建設者」的形象已經被市場承認，所要造就的「產業標準建設者」的勢態也已經形成。

一個沒有準確定位自己的企業，其發展前途是不清晰的，很容易在發展過程中迷失方向、陷入敗勢。所以，企業一定要找準自己的定位，也就是造成對自己有利的「勢」，正如孫子兵法中所說的「故善戰人之勢，如轉圓石於千仞之山者，勢也」。

〈虛實篇〉

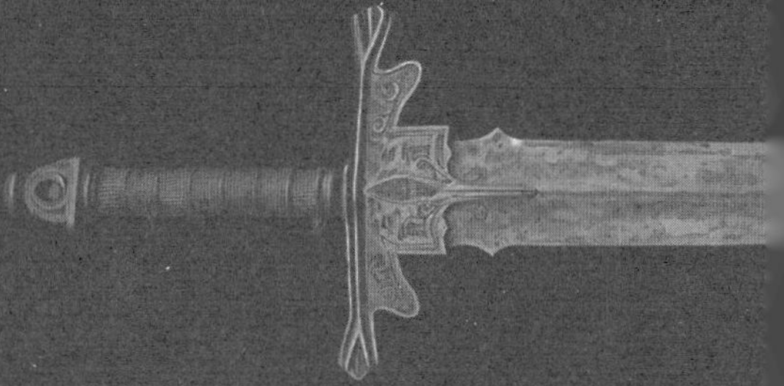

【原典】

孫子曰：凡先處戰地而待敵者佚[一]，後處戰地而趨戰[二]者勞。故善戰者，致人而不致於人[三]。能使敵自至者，利之[四]也；能使敵不得至者，害之[五]也。故敵佚能勞之[六]，飽能飢之[七]，安能動之[八]。出其所不趨[九]，趨其所不意[一〇]。行千里而不勞者，行於無人之地[一一]也；攻而必取者，攻其所不守[一二]也；守而必固者，守其所不攻也。故善攻者，敵不知其所守[一三]；善守者，敵不知其所攻。微乎微乎[一四]，至於無形[一五]；神乎神乎，至於無聲。

故能為敵之司命[一六]。

進而不可禦者[一七]，沖其虛[一八]也；退[一九]而不可追者，速而不可及也。故我欲戰，敵雖高壘深溝[二〇]，不得不與我戰者，攻其所必救[二一]也；我不欲戰，畫地而守之[二二]，敵不得與我戰者，乖其所之[二三]也。

故形人而我無形[二四]，則我專而敵分[二五]。我專為一，敵分為十，是以十攻其一也，則我眾而敵寡。能以眾擊寡者，則吾之所與戰者，約[二六]矣。吾所與戰之地不可知[二七]，不可知，則敵所備者[二八]多；敵所備者多，則吾之所與戰者，寡矣[二九]。故備前則後寡，備後則前寡；備左則右寡，備右則左寡；無所不備，則無所不寡[三〇]。寡者[三一]，備人者也；眾者，使人備己者也。

故知戰之地，知戰之日，則可千里而會戰[三二]；不知戰地，不知戰日，則左不能救右，右不能救左，前不能救後，後不能救前，而況遠者數十里，近者數里乎？以吾度之，越人[三三]之兵雖多，亦奚益於勝敗哉[三四]？故曰：勝可為也[三五]。敵雖眾，可使無鬥[三六]。

故策之而知得失之計[三七]，作之而知動靜之理[三八]，形之而知死生之地[三九]，角之而知有餘不足之處[四〇]。故形兵[四一]之極，至於無形；無形，則深間[四二]不能窺，智者[四三]不能謀。因形而錯[四四]勝於眾，眾不能知；人皆知我所以勝之形，而莫知吾所以制勝之形。故其戰勝不復[四五]，而應形於無窮[四六]。

夫兵形象水[四七]。水之形，避高而趨下；兵之形，避實而擊虛[四八]。水因[四九]地而制流，兵因敵而制勝。故兵無常勢，水無常形。能因敵變化而取勝者，謂之神[五〇]。故五行無常勝，四時無常位，日有短長，月有死生。

【注釋】

一、先處戰地而待敵者佚：先達戰地等待敵人的一方占優勢。處：到達、占據。佚：安逸、從容。

二、趨戰：疾行奔赴戰場，這裡指倉促應戰。

三、致人而不致於人：調動敵人而不讓敵人所調動。致：招致、引來，這裡是調動的意思。

四、利之：用小利引誘敵人。

五、害之：妨礙敵人。
六、佚能勞之：讓休整良好的敵人變得疲勞不堪。
七、飽能飢之：讓給養充足的敵人變得飢餓勞頓。
八、安能動之：引誘牢固守禦的敵人出戰。
九、出其所不趨：選擇敵人無法急救的地方攻擊。
一〇、趨其所不意：我軍奔襲的地方是敵方意料不到的。
一一、無人之地：敵人沒有設防的地區。
一二、攻而必取者，攻其所不守：我軍出擊就能取勝是因為攻擊的是敵人戒備鬆弛的地方。
一三、善攻者，敵不知其所守：善於進攻的軍隊，令敵軍不知道應該防守哪裡。
一四、微乎：微妙啊。乎：語氣詞。
一五、無形：不留痕跡。
一六、故能為敵之司命：（虛實運用得出神入化）可使自己成為敵人命運的主宰者。
一七、進而不可禦者：我軍進攻而敵人無法防禦。
一八、沖其虛：衝擊敵人防守鬆懈的地方。
一九、退：撤退。
二〇、高壘深溝：高高的堡壘，深深的壕溝。形容敵人堅固防守，不出來應戰。
二一、攻其所必救：攻擊敵人一定要去救援的地方。

二二、畫地而守：不設防就可輕鬆守住的地方。
二三、乖其所之：把敵人引向相反的地方去。
二四、形人：使敵人顯露形跡。
二五、我專而敵分：我軍集中兵力，而敵人分散兵力。
二六、約：少、寡。
二七、吾之所與戰之地不可知：我軍所要與敵人作戰的地方，敵人不能知道。
二八、所備者：需要防備的地方。
二九、則吾所與戰者，寡矣：我們進攻所遭遇的敵人就少了。
三〇、無所不備，則無所不寡：敵軍處處設防準備，則處處兵力減少。
三一、寡者：兵力少的原因。
三二、知戰之地，知戰之日，則可千里而會戰：預先掌握戰場的地形與交戰時間，就可以奔赴千里與敵人作戰。
三三、越人：越國軍隊。
三四、亦奚益於勝敗哉：對戰爭的勝負有什麼幫助呢？奚，疑問詞，為何、何有。益：補益、幫助。
三五、勝可為：勝利是可以得到的。
三六、可使無鬥：可以讓敵人無法用全力與我軍作戰。鬥：較量。

三七、策之而知得失之計：仔細籌算才能瞭解作戰計畫的優劣。

三八、作之而知動靜之理：用詐術挑逗敵人才能瞭解敵人的活動規律。

三九、形之而知死生之地：通過示形於敵，藉以瞭解敵方的優勢和弱點。

四〇、角之而知有餘不足之處：經過試探才能瞭解敵人兵力部署的虛實情況。

四一、形兵：偽裝示敵之兵。

四二、深間：深藏在我軍內部的間諜。

四三、智者：敵軍精明能幹的將領。

四四、錯：同「措」，意為放置。

四五、戰勝不復：作戰方法不重複出現。

四六、應形於無窮：戰術隨客觀情況的變化而變幻無窮。

四七、兵形象水：用兵就像水流一樣有規律。

四八、避實而擊虛：避開敵人防守牢固之處，攻擊其防守鬆懈的地方。

四九、因：依據。

五〇、神：神奇、高明，這裡指用兵如神的意思。

【譯文】

孫子說：凡是先進入戰場而等待敵人的一方，就會安逸從容，後到達戰場而倉促應戰的一方，就必然會疲勞不堪。所以，善於指揮作戰的人，總是能設法調動敵人而不被敵人所調動。能讓敵人自動進入我軍預定的戰場，是用利益引誘敵人的結果；能讓敵人不能到達其預定的戰場，是製造困難破壞的結果。所以，敵人如果休整良好，我方則採取措施使之疲勞不堪，敵人如果給養充足，我方則採取措施使之飢餓勞頓，敵人如果牢固守禦，我方則採取措施調動他們。

我軍出兵的地方，應是敵人無法到達的地方，我軍奔襲的地方，應是敵人無法意料的地方。行軍千里而不致勞累，是因為行進在沒有敵人的地區；發起進攻而必定能取得勝利，是因為攻擊的是敵人不設防的地方；防守必定能固若金湯，是因為防守的是敵人無力攻取的地方。所以，善於進攻的人，敵人不知道應該怎樣防守；善於防守的人，敵人不知道應該如何進攻。微妙啊，微妙到讓敵人看不到我軍的一點形跡！神奇啊，神奇到讓敵人聽不到我軍的一點聲息！

這樣就能夠把敵人的命運牢牢地掌握在我們手中。

我們前進的時候，敵人無法抵禦，是因為我們攻擊的是敵人兵力空虛的環節；我們撤退的時候，敵人無法追擊，是因為我們的行動迅速，敵人想追也追不上。因此，如果我軍準備與敵人決戰，敵人即使有高牆深溝可以據守，也還是必須要出城與我軍交戰，是因為我軍攻擊的是敵人必須救援的地方；如果我軍不準備交戰，哪怕是在地上畫一塊地就可以防守，敵人也無法與我軍決戰，這是因為我軍設法讓敵軍弄錯了進攻方向。

讓敵人顯露形跡而讓我軍隱蔽得無影無形，那麼我軍兵力集中而敵軍兵力分散。我軍兵力集中在一處，敵人兵力分散在十處，這就可以用十倍於敵的兵力去攻打敵軍，從而形成我眾敵寡的絕對優勢。既然能造成以眾擊寡的態勢，那麼我軍所攻擊的敵軍就必然勢單力弱。我軍計畫與敵軍決戰的地方不能讓敵人知道，不知道的話，敵人就會在很多地方設防守備；敵人防備的地方多了，兵力分散，我們要對付的敵人就會少，那麼我軍進攻所面對的敵軍數量就少了。所以說，防禦了前面，後面的兵力就一定減少，防禦了後面，前面的兵力就一定減少；防禦了左邊，右邊的兵力就會減少，防禦了右邊，左邊的兵力就會減少；所有的地方都設防，那麼所有的地方兵力都會減少。兵力缺少，是處處被動地防備別人進攻的緣故；兵力眾多，是讓敵人處處防備自己的緣故。

知道打仗的地方，知道打仗的時間，就可以行軍千里前去與敵人交戰；如果不知道打仗的地方，不知道打仗的時間，那麼就會陷於左軍不能救援右軍，右軍不能救援左軍，前軍不能救援後軍，後軍不能救援前軍的被動局面，更何況遠的相隔幾十里，近的也要相隔幾里，又怎樣能應付自如呢？依我的分析來看，越國的軍隊數量雖然很多，但對決定戰爭的勝敗又有什麼幫助呢？勝利是可以做到的。敵軍的兵力雖然很多，但是可以讓他們無法參與我軍的戰鬥。

謀算才能知道對敵作戰計畫的優劣得失；挑動引逗才能知道敵人的活動規律；示形於敵才能知道敵人的有利條件和致命弱點；戰鬥偵察才能瞭解敵人兵力部署的虛實強弱。偽裝示形誘敵運用到極點，就能達到不顯露一點痕跡的最佳境界。不露痕跡，使深藏於我軍內部的間諜無法看到蛛絲馬跡，使很高明的敵軍將領都不能想出應付的方法來。把根據具體情況而採取靈活的戰術戰勝敵人的事實擺在眾人面前，眾人也不能清楚其中的奧妙所在；人們都知道我軍取勝的外在的作戰方法，卻不知道我軍之所以戰勝是因為內在的奧妙。所以每一次作戰的方式不會重複，而是針對客觀形勢變化而無窮變幻。

作戰的形式像水的流動規律一樣。水流的規律是避開高處而流向低處，作戰的形式是避開敵軍有實力的地方，攻擊其虛弱的地方。水根據地勢的高低而決定其流向，作戰則要根據敵人的虛實來選擇不同的制勝方法。作戰沒有一成不變的形式，水流也沒有固定不變的形態。能夠根據敵情的變化而取得勝利的人，就可以說是「用兵如神」。金、木、土、水、火五行相生相剋，沒有哪一行可以一直占上風；春、夏、秋、冬四時輪迴更替，沒有哪一季可以一直常駐不動。白天有時長，有時短；月亮有時盈，有時虧。

【名家注解】

東漢・曹操：「能虛實彼己也。」

唐・李筌：「善用兵者，以虛為實；善破敵者，以實為虛。故次其篇。」

唐・杜牧：「夫兵者，避實擊虛，先須識彼我之虛實也。」

宋・王晳：「凡自守以實，攻敵以虛也。」

宋・張預：「〈形篇〉言攻守，〈勢篇〉說奇正。善用兵者，先知攻守兩齊之法，然後知奇正；先知奇正相變之術，然後知虛實。蓋奇正自攻守而用，虛實由奇正而見。故次〈勢〉。」

【解讀】

中國古代軍事家孫子說：「兵無常勢，水無常形。」〈虛實篇〉就是來論述作戰中的虛實原則的。孫子對虛實的解釋是這樣的：虛，空虛，在作戰中主要指兵力分散而薄弱；實，充實，主要指兵力集中而強大。虛實不僅指兵力的強弱，還包括主動與被動、有備與無備、整治與混亂、勇敢與怯懦、飽逸與飢疲等方面的因素。綜合了各方面的因素，孫子科學地提出了「避實擊虛」「出其所不趨，趨其所不意」、「攻其所不守」的戰術原則。「兵者，詭道也」，兵不厭詐，出奇制勝，是孫子軍事思想的精華。然而，如何用詐？詐從何來？如何用奇？奇出何處？這一切都是需要深入研究、繼續探討的。〈虛實篇〉正是對這一問題的深入探討。本篇特別強調在客觀軍事實力的基礎上，主觀能動作用的創造性發揮。「致人而不致於人」、「因敵而制勝」，是對〈形篇〉中把握攻守主動權和〈勢篇〉中奇正結合、出奇制勝思想的進一步展開和深化。

孫子在本篇中提到了一個非常重要的論點，就是以虛為實、以實為虛，藉以引誘敵人，調遣敵人。在行兵作戰中，關鍵所在是避實就虛，以實擊虛，出其不意、攻其不守，最後克敵制勝。因此，虛實原則，便是用兵的根本原則之一，是保證戰爭勝利的法寶。

孫子對虛實原則的論述，系統完整而縝密，下面我們詳細來分析一下。

第一，他開篇即強調，軍隊應事先進入戰場，占據有利位置，以逸待勞，牢牢把握住戰爭的主動權。同時，應運用「利」、「害」的引誘、威迫，來調動敵軍，使敵軍按我軍的意圖行動，並使其由逸變勞，由飽變飢，由安變動，以求最大可能地消耗削弱其戰鬥力。「致人而不致於人」，是實行虛實原則的前提，只有做到使敵軍處處受制於我，而我軍卻時時不受制於敵軍，才能真正擁有戰爭的主動權，才能創造以實擊虛的良好戰機，虛實原則的實行才有可能。「致人而不致於人」，更是揭示戰爭勝敗關鍵的至理名言。

第二，就一般的軍事行動來說，無論是出兵、進擊，還是撤退、防守，甚至於千里奔襲，都應該避敵之實、就敵之虛，「出其所不趨，趨其所不意」，「行於無人之地也」。就用兵的攻守而言，攻，應該是以實攻虛，「攻其所不守」、「攻其所必救」；守，應該是避實就虛，「守其所不攻」、守其「不知其所攻」；從而做到「攻而不可禦」、「退而不可追」，「攻而必勝」、「守而必固」。就兵力的運用來說，應該努力使我軍的兵力相對集中而形成壓倒對方的絕對優勢，而使敵軍的兵力盡可能分散而處於劣勢。

第三，知虛實，相當重要。集中兵力、以實擊虛，或者隱蔽自己、避實就虛，都是克敵制勝的法寶，但它必須建立在對虛與實真正瞭解的基礎之上，真正做到以我之實擊敵之虛，反之將導致巨大的災難。為此，孫子提出「形人而我無形」的基本方法，從隱蔽自己、偵察敵情和促進虛實轉化三個方面，論述「因形而措勝」的戰術要求。隱蔽自己要做到不顯一點形跡，不露一點聲息，「深間不能窺，智者不能謀」。這樣，敵人對我軍的情況就一無所知，與我作戰就像瞎子聾子一樣，我進攻時，「敵不知其所守」，我們防守時，「敵不知其所攻」，「乖其所之」，造成敵軍的「無門」。

偵察敵情而確知虛實，是用兵的重要組成部分。孫子於此提出了偵察虛實的四種方法：策、作、形、角。「策」有計算籌劃的意思，是未戰之前即應該認真進行的。通過認真的分析籌算，瞭解敵軍的戰略戰術，判斷其優劣得失，以便我軍制定相應的對策。「作」，興起、假裝之義。以假動作去挑動敵軍，從而摸清敵軍行動的規律。「形」，這裡用作動詞，是顯露、表現的意思。通過一定的手段使敵軍的情況暴露，從而瞭解敵軍的有利條件和致命弱點。「角」，較量。採用小規模的試探性攻擊，從而判斷敵軍的部署狀況和兵力的強弱。

一個真正優秀的將帥，僅僅能利用現成已有的虛實，是遠遠不夠的，更應該能夠通過自己的努力調動敵軍，削弱其戰鬥力，製造出更多更嚴重的虛來，同時使我軍的兵力得以加強（相對或者暫時的），形成更有力的實，獲得特定情況下的絕對優勢。強調虛實的轉化和虛實互用，在孫子虛實原則中占有很大比重，孫子對此表現了特別的重視。虛與實，不僅是軍事實力的客觀反映，更是將帥發揮聰明才智，「因勢制權」、「因敵制勝」，主觀努力的結果，亦即是說，在善於用兵的將帥的運籌調度之下，虛實可以朝有利於自己的方向發生轉化，化敵實為敵虛，化我虛為我實，反之亦然。從一開篇的「以逸待勞」，到「佚能勞之」、「飽能飢之」、「安能動之」，再從「出其所不趨，趨其所不意」，到「攻其所必救」、「乖其所之」等，說的都是將敵軍之實化為虛，我軍則藉機避實擊虛。

第四，「兵無常勢」，「因敵變化而取勝」。孫子提出「兵形象水」，戰場上的情況千變萬化，戰術戰法的運用要根據情況的變化而隨機應變，只有靈活地運用適當的戰術戰法，才能取得勝利。「因形而措勝」、「因敵而制勝」，這就是用兵如神。同時，孫子反覆告誡人們，戰爭中沒有千篇一律的定規和一成不變的模式，任何凝固僵化的套用和機械刻板的照搬，都與勝利無緣。「水無常形」、「五行無常勝」、「四時無恆位」、「日有短長」、「月有死生」，變化是大自然的基本規律，戰爭亦不能例外，所以「兵無常勢」、「應形於無窮」。

本篇的精彩除了表現神奇微妙的兵法外，文字也是精美絕倫，相信讀者從中獲得的美感體驗不會少於宋玉之辭、司馬之文，而從中得到的人生啟迪和智慧恐後世之《秋聲賦》、《赤壁賦》亦無可匹敵，因此我們可以將〈虛實篇〉當做一篇優美的賦去讀。

【案例】

軍事篇：孫臏救趙於無形

要想取得勝利就要懂得虛實結合，這是〈虛實篇〉的重要思想。孫子綜合各方面的因素，科學地提出了「出其所不趨，趨其所不意」的戰術原則。特別強調了在客觀軍事實力的基礎上，主觀能動作用的創造性發揮，指出作戰時一定要根據戰爭雙方實力，結合敵我雙方形勢，對作戰策略做出精確規劃，這樣才能百戰不殆。圍魏救趙就是這樣一個典型的例子。

戰國初年，在齊、魏、韓、趙、秦、楚、燕這戰國七雄中，魏國是最先強盛起來的國家。在三家分晉時，魏國有著較好的家底，因為它分得了生產較發達、經濟基礎較好的河東地區。此外，令魏國強盛起來還有一個重要的原因，那就是在魏文侯時期任用了李悝、吳起、西門豹等傑出人物來治理國家，進行了一系列卓有成效的改革。在政治策略上，魏國通過逐步廢除世襲的祿位制度，實行「食有勞而祿有功」的制度，建立起比較健全的封建地主政權。在經濟策略上，魏國又推行「盡地力」和「善平糴」的政策，興修水利，鼓勵開荒，大大促進了生產的發展。在軍隊建設上，建立了「武卒」制度，挑選勇敢有力的人加以訓練，提高了軍隊的戰鬥力。魏惠王時期，隨著魏國將國都從安邑遷到河南中部的大梁，國土不斷向東擴展，國力在這時達到了鼎盛。

此外，齊國的實力也很強大。西元前三五六年，齊威王即位後，任用鄒忌為相，加強中央集權，進行國防建設，改革政治體制，國力逐漸強盛。為了遏止魏國的擴展，齊國便利用魏國與趙國、韓國之間的矛盾，與魏國抗衡。

西元前三五四年，趙國為了取得同魏國抗衡的有利地位發動了進攻衛國的戰爭，企圖奪占位於趙、魏之間的衛國的領土。因為衛國是魏國的屬國，因此魏國以保護衛國為名出兵包圍了趙國的國都邯鄲，趙國便派使者向盟國齊國求救。此時的齊國正在圖謀向外擴展勢力，而且與趙國又是盟國，便答應發兵救趙。齊威王召集群臣商討如何救趙。大將殷干朋說：「不救趙不僅會失信於趙國，而且對齊國也不利。所以，我們必須發兵救趙，但也不是現在就出兵，而是先讓趙、魏兩國相互攻戰，到兩敗俱傷之時齊國再『承魏之敝』出兵救趙，就可以毫不費力坐收漁翁之利。」齊威王採納了殷干朋的建議，主力按兵不動，靜觀事態發展，等待出兵的時機。只用少量的兵力南攻襄陵，以牽制魏國，堅定趙國抗魏的決心。

西元前三五三年，魏國攻破了趙都邯鄲。齊威王見時機成熟，便出兵救援趙國。這次起兵救趙，齊威王本打算以孫臏為主將，但是鑑於孫臏與魏國人龐涓的關係，遂改用了田忌為主將，孫臏為軍師。

孫臏是孫子的後裔，年輕時曾與魏國人龐涓一起學習兵法。後來，龐涓在魏國做了將軍，但龐涓能力遠不及孫臏，對他很是嫉妒。孫臏由於才能出眾被魏惠王大加欣賞，這更增加了龐涓對孫臏的嫉妒之心。於是龐涓利用職權偽造了孫臏的罪名，私用刑法割斷了孫臏兩腳的筋腱，並在孫臏臉上刺字塗墨，企圖讓他永遠不能出頭露面。

孫臏忍辱負重多年，一直尋找逃離魏國的機會。有一次，齊國使者來到魏國，孫臏設法見到了使者，齊使知道孫臏是個了不起的人才，就暗地把他藏在車子裡帶回了齊國。不久，孫臏就得到了齊威王和將軍田忌的賞識。這次伐魏救趙，孫臏不當主將而為軍師，就是為避免引起龐涓的注意。

此次伐魏救趙，田忌本計畫直奔邯鄲與魏軍主力交戰。孫臏則提出了「批亢搗虛」、「疾走大梁」的戰略戰術。他說：「派兵解圍，不能以硬碰硬，而應該避實就虛，避強擊弱，襲擊其要害，使敵人感到行動困難，有後顧之憂，自然就會解圍了。現在魏、趙相攻已經相持了一年之久，魏軍的精銳部隊都在趙國，留在國內的是一些老弱殘兵。我們率大軍迅速向魏國都城大梁進軍，魏軍必然回兵自救。這樣，趙國之圍可以一舉而解。」

田忌採納了孫臏的戰術，率齊軍主力向魏國國都大梁進軍。大梁危急令龐涓大驚失色，他立即下令留下少數兵力控制好不容易剛剛攻下的邯鄲城，自己則率魏軍主力回救大梁。這時，齊軍已把魏軍回國必經的地勢險要的桂陵作為預定的作戰區域，準備迎擊倉促回國的魏軍。因為齊軍早作部署，占有先機之利，所以士氣正旺，而魏軍由於長期攻趙兵力消耗很大，此次慌忙回國又使士卒疲憊不堪。此次交戰，魏軍完全是處於被動挨打的地位，慘遭失敗。趙國的邯鄲之困自然也如孫臏所料，就此而解。在圍魏救趙這個戰例裡，孫臏並沒有直接營救趙國，而是出其不意地攻打魏國，讓魏國分身乏術無法顧及趙國，只好先撤兵回國以求自保。

〈軍爭篇〉

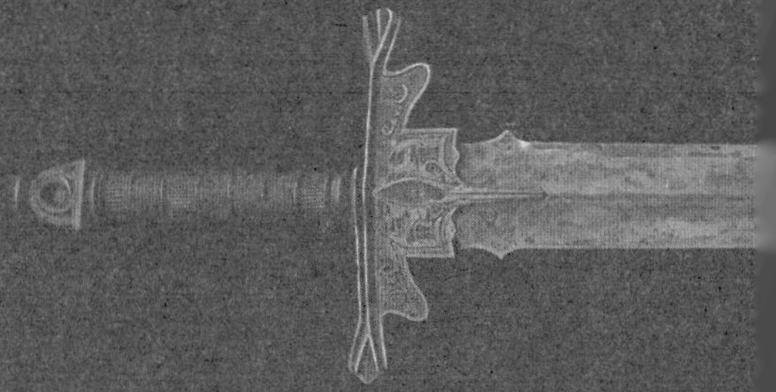

【原典】

孫子曰：凡用兵之法，將受命於君，合軍聚眾[一]，交和而舍[二]，莫難於軍爭[三]。軍爭之難者，以迂為直[四]，以患為利[五]。故迂其途，而誘之以利[六]，後人發，先人至[七]，此知迂直之計者也。

故軍爭為利，軍爭為危[八]。舉軍而爭利，則不及[九]；委軍而爭利，則輜重捐[一〇]。是故卷甲而趨[一一]，日夜不處[一二]，倍道兼行[一三]，百里而爭利，則擒三將軍[一四]，勁者[一五]先，疲者後，其法十一而至[一六]；五十里而爭利，則蹶上將軍[一七]，其法半至；三十里而爭利，則三分之二至。是故軍無輜重則亡，無糧食則亡，無委積[一八]則亡。

故不知諸侯之謀者，不能豫交[一九]；不知山林、險阻、沮澤[二〇]之形者，不能行軍；不用鄉導[二一]者，不能得地利。

故兵以詐立[二二]，以利動[二三]，以分合為變[二四]者也。故其疾如風[二五]，其徐如林[二六]，侵掠如火[二七]，不動如山，難知如陰[二八]，動如雷震。掠鄉分眾[二九]，廓地分利[三〇]，懸權而動[三一]。先知迂直之計者勝，此軍爭之法也。

〈軍政〉[三二]曰：「言不相聞，故為金鼓[三三]；視不相見，故為旌旗。」夫金鼓旌旗者，所以一人之耳目也[三四]。人既專一[三五]，則勇者不得獨進，怯者不得獨退，此用眾之法[三六]也。故夜戰多火鼓，晝戰多旌旗，所以變[三七]人之耳目也。

故三軍可奪氣[三八]，將軍可奪心[三九]。是故朝氣銳，晝氣惰，暮氣歸[四〇]。故善用兵者，避其銳氣，擊其惰歸[四一]，此治氣者也。以治待亂，以靜待嘩[四二]，此治心者也。以近待遠，以佚待勞，以飽待飢，此治力者也。無邀正正之旗[四三]，無擊堂堂之陳[四四]，此治變[四五]者也。

故用兵之法，高陵勿向[四六]，背丘勿逆[四七]，佯北勿從[四八]，銳卒勿攻，餌兵勿食[四九]，歸師勿遏[五〇]，圍師必闕，窮寇勿迫[五一]。此用兵之法也。

【注釋】

一、合軍聚眾：組織軍隊，聚集民眾。

二、交和而舍：兩軍相遇成為對峙狀態。舍：駐紮。

三、莫難於軍爭：沒有比奪取勝利的條件更困難的事了。

四、以迂為直：將迂迴曲折的道路變為便利的直路。迂：曲折。

五、以患為利：將不利條件變為有利條件。患：禍患，不利的情況。

六、迂其途，而誘之以利：讓敵人行進時迂迴繞道，並且用小利引誘敵人，把敵人牽引到別的方向上去。

七、後人發，先人至：晚於敵人出發，早於敵人到達。

八、軍爭為利，軍爭為危：爭奪勝利的條件既有有利的一面，也有危險的一面。為，有。

九、舉軍而爭利，則不及：率領攜帶所有裝備輜重的軍隊前去爭奪先機之利，就會來不及。

一〇、委軍而爭利，則輜重捐：率領丟棄輜重輕裝上陣的軍隊前去爭奪先機之利，輜重就會遭受損失。委：拋棄。

一一、卷甲而趨：收起鎧甲，輕裝前進。卷：收，藏。

一二、處：處所，在這裡引申為休息、停頓。

一三、倍道兼行：速度加倍、日夜前行。

一四、擒三將軍：三軍將領全被俘虜，這裡指全軍覆沒。三將軍：這裡泛指上、中、下三軍將領。

一五、勁者：體質健壯的士卒。

一六、十一而至：十分之一的士卒能按時到達目的地。

一七、蹶上將軍：前軍將領將遭受挫敗。蹶：表示被動，被挫敗。

一八、委積：儲備物資。

一九、豫交：結交諸侯的意思。豫：通「與」，這裡是參與的意思。

二〇、沮澤：水草叢生的沼澤地帶。

二一、鄉導：熟悉地區情況的嚮導。

二二、以詐立：用詭計欺騙的詐術取得成功。立：成功。

二三、以利動：用利益驅使。

二四、以分合為變：把分散與集中作為變化的手段，集中兵力。

二五、其疾如風：像風一樣迅疾行動。

二六、其徐如林：像森林一樣肅穆嚴整。

二七、侵掠如火：進攻像騰起的火焰一樣猛烈。

二八、難知如陰：像陰雲蔽日一樣難以預測。

二九、掠鄉分眾：分兵數路擄掠敵國的領土。

三〇、廓地分利：開拓疆土，分兵奪取敵人的資源。廓：開拓。

三一、懸權而動：權衡敵我優劣形勢再採取行動。權：秤錘，這裡指權衡。

三二、〈軍政〉：古兵書，已佚。

三三、金鼓：金鼓是古代指揮軍隊進攻後退的號令，鳴金而退，擊鼓而進。

三四、所以一人之耳目也：用它來統一士卒們的視聽。

三五、人既專一：士卒行動已經有統一的指揮。既：已經。

三六、用眾之法：指揮千軍萬馬作戰的方法。

三七、變：適應。

三八、奪氣：喪失銳氣。奪：打擊、挫傷。氣：士氣。

三九、將軍可奪心：動搖敵人將帥的決心可以使士卒失掉堅定的意志。

四〇、朝氣銳，晝氣惰，暮氣歸：剛開始作戰的時候，士氣旺盛；戰鬥持續一段時間之後，士氣逐漸怠惰；到了最後，士卒就有了歸心，士氣衰竭。

四一、避其銳氣，擊其惰歸：避開敵人剛開始帶有的銳氣，等到敵人怠惰疲憊、有了歸心時再展開攻擊。

四二、以治待亂，以靜待嘩：用我軍的嚴整去對付混亂的敵人，用我軍的鎮靜去對付輕躁的敵人。

四三、無邀正正之旗：不要截擊旗幟整齊、行軍嚴整的敵人。邀：迎擊、截擊。

四四、勿擊堂堂之陳：不要攻擊軍力強大、陣勢嚴整的敵人。陳：古「陣」字。

四五、治變：隨機應變來對付敵人。

四六、高陵勿向：處於高地的敵人，不要仰攻。

四七、背丘勿逆：背倚丘陵險阻之地的敵人，不要正面攻擊。

四八、佯北勿從：假裝敗退的敵人，不要追擊。

四九、餌兵勿食：敵人派出小股部隊做誘餌，不要上當。

五〇、歸師勿遏：正向其本國撤退的敵人，不要阻截遏制。

五一、圍師必闕，窮寇勿迫：包圍敵人時一定要留有缺口，對於陷入絕境的敵人，一定不要過分加以逼迫。闕：通「缺」，缺口。

【譯文】

孫子說道：一般來講用兵的方法是，將帥領受國君的命令，從組編軍隊、徵集民眾，與敵人相遇列陣對峙、僵持不下，沒有比爭取得勝的條件更困難的。爭奪得勝的條件之所以困難，就在於要把迂迴彎曲的道路變為方便的直路，把不利的因素變為有利的因素。所以，設法使敵人的進兵道路變得迂迴彎曲，用小利引誘敵人上當而改變行軍路線，我軍後於敵人出發，先於敵人到達戰場，占領有利陣地。這才是掌握了「以迂為直」計謀的將帥。

爭奪勝利的條件既有有利的一面，也有危險的一面。如果率領攜帶所有裝備輜重的全軍出動，去爭奪先機之利，往往無法按時到達預定地域；如果率領丟下裝備輜重的軍隊去爭奪，就會損失裝備輜重。因此，讓將士收起盔甲輕裝前進，晝夜不停，一天走兩天的路程，急行百里去爭先機之利，那麼三軍的將帥都可能被敵人所俘虜。健壯的士卒先到，疲弱的士卒後到，一般只能有十分之一的兵力到達預定的目的地。用這樣的方法，急行五十里去爭利，那麼前軍的將領就會遭受挫敗，兵力也只有一半可以按期到達。同樣，急走三十里去爭取有利條件，那麼只有三分之二的兵力能如期趕到。所以說，軍隊沒有輜重裝備就會滅亡，沒有糧食會滅亡，沒有物資儲備會滅亡。

不知道諸侯列國的戰術策略，就不要隨便與它國結交；不知道山林、險阻、沼澤的地形，就不要隨便行軍；不利用當地人做嚮導，就不能得到地利之便。

打仗多靠詭詐來取勝，用利益驅動敵人，用分散兵力或集中兵力的方式來變換戰術。軍隊行動起來快的時候要像風一樣急速，慢的時候要像森林一樣輕搖不亂，進攻時如烈火，防禦像山嶽，隱蔽時像濃雲滿天一樣不可揣測，運動時像迅雷一樣不及掩耳。擄掠敵國的鄉邑，要兵分數路，開拓疆土，要分兵扼守要害之地，權衡利害關係，而後相機行動。先懂得「以迂為直」戰術的將帥會贏得勝利，這是爭奪勝利的基本法則。

〈軍政〉中說：「作戰中，眾人聽不清語言指令，所以設置金鼓；眾人看不見動作指揮，所以設置旌旗。」金鼓旌旗的作用，是用來統一軍隊進退的行動的；全軍行動已經統一，那麼勇敢的士卒就不能單獨冒進，怯懦的士卒也不能獨自後退。這是指揮大部隊作戰的方法。因此，晚上作戰多用火光、鑼鼓，白天作戰多用旌旗，這是為了適應人們的視聽變化。

對於敵國的軍隊，可以挫傷他們的士氣，對於敵人的將領，可以動搖他的決心。戰爭剛開始的時候士氣飽滿旺盛，經過一段時間士氣逐漸減弱，到了戰爭最後，士氣便完全衰竭，每個人歸心似箭。所以，善於用兵的人，總是避開敵人士氣旺盛的時候，等到敵人士氣懈怠、有了歸心的時候再發起攻擊，這是掌握士氣而用兵的方法。用自己的嚴整對付敵人的混亂，用自己的鎮靜對付敵人的輕躁，這是掌握敵人心理而用兵的方法。以我軍就近占領陣地來迎戰長途跋涉的敵人，以我軍的安逸休整來迎戰疲勞奔走的敵人，以我軍的糧餉充足來迎戰飢餓不堪的敵人，這是掌握軍隊戰鬥力而用兵的方法。不要去迎擊旗幟整齊的軍隊，不要攻打陣營雄壯的軍隊，這是靈活作戰的用兵原則。

因此，用兵的基本原則是：處於高地的敵人，不要仰攻。背倚丘陵險阻之地的敵人，不要正面攻擊。假裝敗退的敵人，不要追擊。士氣旺盛的敵人，不要攻打。敵人派出小股部隊做誘餌，不要上當。正向其本國撤退的敵人，不要阻截遏制。包圍敵人時一定要留有缺口，對於陷入絕境的敵人，一定不要過分加以逼迫。這些都是用兵作戰最基本的原則。

【名家注解】

東漢．曹操：「兩軍爭勝。」

唐．李筌：「爭者，趨利也。虛實定，乃可與人爭利。」

宋．王皙：「爭者，爭利；得利則勝。宜先審輕重，計迂直，不可使敵乘我勞也。」

宋．張預：「以〈軍爭〉為名者，謂兩軍相對而爭利也。先知彼我之虛實，然後能與人爭勝，故次〈虛實〉。」

【解讀】

本篇論述的主要問題是，兩軍相對如何先敵爭取制勝的條件，取得有利的作戰地位。孫子提出，兩軍相對爭利，其關鍵是爭奪掌握戰場的主動權。因而，如何先敵占領戰場要地造成有利態勢，從而掌握有利戰機，是兩軍相爭中最重要的問題，同時也是最困難的問題。

軍爭之難，最難的在於「以迂為直，以患為利」。「迂」與「直」、「患」與「利」，是一對不可調和的矛盾，沒有絲毫的共通之處。孫子則要讓它們變成自己的對立面，這當然不能說不難，但也決不是不可能的事。前者設法把自己要經過的迂迴彎曲的進軍路線變成直通目的地的捷徑，後者要將對自己不利的負面因素設法變成有利的正面因素。孫子提出了自己的辦法：設法使敵人的進兵路線變得迂曲，引誘敵人改變本來近直的行軍路線。這樣，敵人的路程便相對變得迂曲而延長，而我軍的路程同時便相對變得直坦而縮短。

孫子的「迂直之計」，深藏著辯證法的精義，同時頗有些相對論的味道。直近、曲遠不僅是空間概念，也與時間緊密相連。一旦與戰爭雙方的兵力部署虛實相結合，加之以主觀的能動作用，矛盾的雙方就有可能向相反的方向轉化；遠而虛者，易進易行，機動快，費時少，成了實際上的近；近而實者，難進難行，機動慢，費時多，成了實際上的遠。

軍爭有利亦有弊，不能只看到有利的一面而忽略了危險的一面。有利的一面容易被人理解，所以孫子著重具體分析了弊的一面。軍爭對戰爭的勝敗作用巨大，因而凡用兵者都應極其重視。孫子以軍隊強行軍為例，具體描述了軍爭的兩難境況：攜帶全部軍需物資去爭先機之利，往往不能達到預期的目的；捨棄軍需物資去爭先機，雖有可能占得有利地位，但後果更慘。孫子通過細緻的估算和科學的分析，指出捐棄輜重而趨敵的結果，有可能是損兵折將，甚至全軍覆滅。孫子的用意十分明顯，目的在於警醒用兵者，應對軍爭之危有高度的警惕，並在實踐中努力杜絕它的發生，從而充分把握並獲取軍爭之利。

孫子在提出「迂直之計」後，開始用大量篇幅詳細論述了軍爭的基本原則和主要方法，並指出只有具備了這些基本條件，才能實施迂直之計而獲勝，這是軍爭必須遵循的基本原則。違背它，得來的就極可能是「軍爭為危」。

知彼知己是前提。知外部情況，包括諸侯之謀、地形特徵、嚮導指引；諳熟自己軍隊的實力素質，包括侵掠與隱蔽、動與不動，都要達到相當的程度，符合要求。主要方法有：「用眾之法」，運用旌旗、金鼓指揮軍隊統一行動；「治氣之法」，擊其惰歸，避其銳氣；「治心之法」，以靜待嘩，以治待亂，在情緒上、心理上占據優勢，取而勝之；「治力之法」，以逸待勞，以近待遠，以飽待飢，在體能實力上超過敵人，以實擊虛；「治變之法」，如果敵旌旗零亂無序、陣營混亂動搖，方可攻擊敵軍。

反面的有「用兵八戒」，即八種情況下，不可輕易去攻敵人——高陵、背丘之敵，有地勢之利；佯北、餌兵之敵，詐在其中；銳卒氣盛，歸師情切；圍師太嚴，恐作困獸之鬥；窮寇猛追，迫其破釜沉舟。這是用兵者須切記不能忘的根本法則。

在論述了「奇正」、「虛實」之後，孫子以「迂直之計」為主旨，進而闡解兵法，其中蘊涵著嚴密的邏輯聯繫。這種安排，頗具匠心。因為無論是出奇制勝，還是避實擊虛，都必須以迂直之計為前提條件，或者說，它們本身就是迂直之計的組成部分或一種結果的表現。

同時，孫子看到了參與戰爭的主體——人的情緒、心態，對於戰爭勝敗的重要作用，於此提出了「治氣」、「治心」的戰術，提出了相應的制勝方法。這些雖顯得過於淺近、極不完善，但實質上與現代戰爭注重心理戰術的運用，有某些相通之處，在當時已是十分難能可貴了。其「治氣」之「避其銳氣，擊其惰歸」，更是至深至精至切至妙至理之名言。

總體來說本篇對軍爭的意義、軍爭的利弊、軍爭的原則和基本戰術，做了系統精闢的分析論述。大量的古今戰例，都充分證明了「迂直之計」是一條克敵制勝的永恆原則。

【案例】

軍事篇：蒙哥馬利以詐取勝

本篇的一個重要思想是「兵以詐立，以利動」。所謂兵不厭詐，詐術可以說是以智取勝的一個很重要的方式，在實力沒有對方強的情況下就不要硬碰硬，一定要運用詐術尋找突破口，才能取得勝利。

第二次世界大戰時期，英國蒙哥馬利將軍率領的第八集團軍和德國元帥隆美爾指揮的德意「非洲軍團」，在北非展開了一場大規模的龍虎鬥。這兩位對壘的將軍都是能征善戰的驍將，鹿死誰手殊難預料。

「沙漠之狐」隆美爾在阿萊曼戰役中首戰失利，被迫轉入防禦。其防禦工事的堅固程度在沙漠戰場上前所未有，它不僅有寬而廣的地雷場，而且沒有公開暴露的側翼。蒙哥馬利這邊為了進一步取得勝利，並沒有立即發動進攻，而是精心策劃了代號為「輕盈」的反攻計畫，意在徹底打垮隆美爾。

為了迷惑敵軍，蒙哥馬利組建了一支專門用來惑敵的A部隊。這支隊伍中有商業銀行家、藥劑師、音樂廳的魔術師、電視劇作者、藝術家、情報人員和幾名大學教師，是個純粹的「雜牌軍」。正是這支雜牌軍，憑著高超的偽裝欺騙手段，有效地把準備在北線上擔任主攻任務的一千輛坦克、一千門火炮、八十一個步兵營、幾千輛軍車和數萬噸物資偽裝了起來，使之看上去就像是運送物資的大卡車，使德軍誤認為這些車輛只不過是英軍前線步兵的軍需補給車。

在南線的佯攻方向上，A部隊更做了大量的文章。他們用音響、煙幕等類比大部隊的集結，並鋪設了假輸油管和假鐵路，在沿途設下無數供水站，致使德軍對英軍將在南線發動主攻深信不疑。

經過一系列的隱真示假後，英軍於十月二十三日夜萬炮齊鳴，從南北兩線開始進攻。由於英軍的進攻出其不意，再加上隆美爾正抱病回國休養，德軍前線指揮官施圖姆搞不清英軍的戰略意圖，不知所措。最後，施圖姆綜合戰前的偵察情報和戰時從前線發回的戰況描述，更加確信英軍的主攻方向在南線，遂把一個最精銳的師調出主戰場。英軍在主攻方向上的壓力減輕後，進展相當順利，將德軍切割成孤立的幾段，使德軍傷亡慘重。

隆美爾雖匆忙返回戰場，但已回天乏力，最後只得帶領「非洲軍團」敗逃突尼斯。蒙哥馬利用詭詐之道輕易地打敗了號稱「沙漠之狐」的隆美爾，讓隆美爾帶領殘兵倉皇而逃，打了漂亮的一仗，不得不佩服他的精通兵道，也驗證了孫子觀點的正確性及實用性。

〈九變篇〉

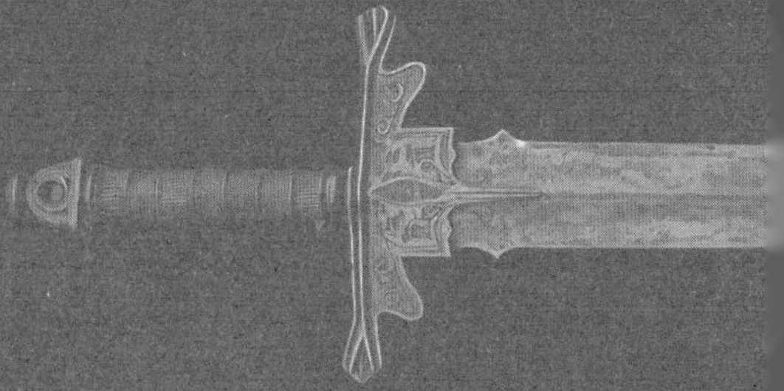

【原典】

孫子曰：凡用兵之法，將受命於君，合軍聚眾，圮地無舍[一]，衢地交合[二]，絕地無留[三]，圍地則謀[四]，死地則戰[五]。塗有所不由[六]，軍有所不擊[七]，城有所不攻[八]，地有所不爭，君命有所不受[九]。

故將通於九變[一〇]之地利者，知用兵矣；將不通於九變之利者，雖知地形，不能得地之利矣。治兵不知九變之術，雖知五利[一一]，不能得人之用[一二]矣。

是故智者之慮[一三]，必雜於利害[一四]。雜於利而務可信也[一五]，雜於害而患可解也[一六]。是故屈諸侯者以害[一七]，役諸侯者以業[一八]，趨諸侯者以利[一九]。

故用兵之法，無恃其不來[二〇]，恃吾有以待[二一]也；無恃其不攻，恃吾有所不可攻[二二]也。

故將有五危：必死，可殺也[二三]；必生，可虜也[二四]；忿速，可侮也[二五]；廉潔，可辱也[二六]；愛民，可煩也[二七]。凡此五者，將之過也，用兵之災也。覆軍殺將[二八]，必以五危，不可不察也。

【注釋】

一、圮地無舍：難於通行的地區不要駐紮軍隊。圮：毀壞。無：切勿。舍：駐紮軍隊。

二、衢地交合：四通八達的地區要注意與諸侯國的結交。衢：四通八達。交合：在這裡指與諸侯進行社交活動，拉近與諸侯國的關係。

三、絕地無留：道路不通，又無水草糧食，難於生存的地區不要停留。留：停滯、停留。

四、圍地則謀：四面地形險惡，出入通路狹窄的地區，就需要使用計謀取得勝利。謀：計謀、策略。

五、死地則戰：進退兩難的地方，只有決一死戰以求生存。

六、塗有所不由：有的道路不能通過。塗：通「途」，道路。由：通過。

七、軍有所不擊：有的敵軍不宜攻擊。軍：敵軍、對手。

八、城有所不攻：有的城池不要攻占。

九、君命有所不受：君主的命令將領有時也不能全都執行。

一〇、九變：各種權變。九：虛詞，泛指多。

一一、五利：指上文的「圮地無舍，衢地交合，絕地無留，圍地則謀，死地則戰」。利：利害關係。

一二、得人之用：充分發揮戰士們的戰鬥力。人：這裡指我軍的士卒。用：作用，引申為戰鬥力。

一三、智者之慮：精明的將帥思考問題的方式。

一四、雜於利害：充分兼顧到利與害兩個方面。雜：摻雜，引申為「兼顧」。

一五、雜於利而務可信也：在有利條件下考慮到不利的因素，戰事就可順利進行。

一六、雜於害而患可解也：在不利條件下能考慮到有利的因素，禍患就可以解除。

一七、屈諸侯者以害：想要讓諸侯屈服，就要用他最畏懼的事情威脅他。屈：使動用法，使屈服的意思。

一八、役諸侯者以業：利用各種事情煩勞敵國，使之窮於應付，不得安逸。役：驅使。業：事業。

一九、趨諸侯者以利：以小的利益引誘諸侯國，使之歸附。趨：歸屬，歸附，這裡是使動用法，使歸附的意思。

二〇、無恃其不來：不要寄希望於敵軍不來進犯。無：不要。恃：依靠，寄希望。

二一、恃吾有以待：我軍應該早已做好充分的準備。待：等待，在這裡引申為有準備。

二二、恃吾有所不可攻：應該依靠我軍具備了使敵人無法進攻的條件。

二三、必死，可殺也：一味硬拼，可能被敵人誘殺。形容將領有勇而無謀。

二四、必生，可虜也：貪生怕死，臨陣畏怯，可能會被敵人俘虜。

二五、忿速，可侮也：將帥性格急躁易怒，可能被敵人的侮辱所激怒，落入敵人的圈套。

二六、廉潔，可辱也：將帥廉潔好名聲，自尊心過於強烈，則可能因不能忍受敵人的侮辱而輕易出戰。

二七、愛民，可煩也：將帥如一味愛護民眾，則可能顧此失彼，不能審時度勢，顧全大局。

二八、覆軍殺將：全軍覆滅，將帥被殺。

【譯文】

孫子說：一般的用兵之法是，將帥領受國君的命令，徵集民眾，組成軍隊，出征後遇到山林、沼澤等難以通行的「圮地」，最好不要讓軍隊在此駐紮；在四通八達的同時是幾個國家交界的「衢地」，要注意與鄰國諸侯結交友好；在沒有水草糧食、交通困難、難以生存的「絕地」，不可停留；遇到四面地勢險要、道路狹窄、進出困難的圍地，要巧設計謀，出奇制勝；陷入前無進路，後有追兵，戰則存、不戰則亡的「死地」，要堅決奮戰，殊死拼爭。有的道路不能走，有的敵人不能打，有的城池不能攻，有的地方不能爭，國君的命令在某些情況下，也可以不執行。

在將帥中，能精通在各種情況下機智應變的利弊，就是真正懂得用兵的；如果不懂得在各種情況下機智應變的利弊，即使是熟悉地形，也不能得到地形之利。將領指揮軍隊而不知道各種機變的方法，就算瞭解五種地形（即圮、衢、絕、圍、死）的利弊，也還是不能充分發揮全軍的戰鬥力。

聰明的將帥考慮問題時，一定會兼顧考慮到利害兩個方面。在有利的情況下能充分考慮到不利的因素，戰事就可以順利進行；在不利的情況下充分考慮到有利的因素，各種可能發生的禍患便可以預先排除。想讓別的諸侯國屈服，就要用各種手段去威脅他；想讓別的諸侯國任你驅使，就要用各種他不得不做的事去煩擾他；想讓別的諸侯國聽你的調遣，就要用各種利益去引誘他。

一般用兵打仗的原則是，不要把希望寄託在敵人不來進犯上，而是要依靠自己做好充分的準備，嚴陣以待；不要把希望寄託在敵人不會攻擊上，而是要依靠自己的力量，將防守做好。

將帥有五種致命的弱點：只知道以硬碰硬，就有可能被誘殺；只知道貪生活命，就有可能被俘虜；性情太暴烈、急躁易怒，就有可能被敵人的侮辱激怒而中計；為人太廉潔好名聲，就有可能被流言中傷而落入圈套；過分溺愛民眾，就有可能被煩擾而陷於被動。以上這五種情況，是將帥的過錯，也是用兵的災難。全軍覆滅、將帥被殺，一定是由這五種危險引起的，不可以不警惕。

【名家注解】

東漢・曹操：「變其正，得其所用九也。」

宋・王皙：「皙謂九者數之極；用兵之法，當極其變耳。〈逸詩〉云：『九變復貫。』不知曹公謂何為九。或曰：『九地之變』也。」

宋・張預：「變者，不拘常法，臨事適變，從宜而行之之謂也。凡與人爭利，必知九地之變，故次〈軍爭〉。」

【解讀】

中國古代歷來把「九」作為數之最大，常常用「九」來形容不可窮盡、無涯無際。比如，我們常說天有九重、地有九層，還把華夏稱為九州、宮門建成九重。在神話傳說《西遊記》裡，唐僧西天取經也要歷經「九九八十一難」。〈九變篇〉中之「九」，也是多的意思，儘管所列情形確為九種，但我們在理解〈九變篇〉的過程中卻不可拘泥於此數。在戰爭中，什麼樣的情況都可能遇到，什麼想像不到的事情都可能發生，遠非孫子所列諸項可以盡包。如果僅將視野、思路局限於列出之數，那麼勢必會陷於刻板，稍有變化便無所適從，失敗在所難免。我們應將實數之九視為無窮數中的典型代表，也就是舉其要者而包容其他，擇其典型而概括一般。

說完「九」字，就要說說這個「變」字。「變」是〈九變篇〉的核心，「變」的主體是統領軍隊的將帥。孫子強調將帥在作戰過程中，應根據實際情況權謀機變，機智靈活地運用戰略戰術，隨機應變，不可墨守成規，也就是「將通於九變之利者，知用兵矣」。至於變通的具體方法，在〈九變篇〉中，孫子著重論述的是地形與將帥素質兩個方面。

「圮地無舍，衢地交合，絕地無留，圍地則謀，死地則戰」，孫子從戰場上經常可以遇到的幾種情況入手，分析了將帥變通應敵所應採取的方法。著重從軍隊所處的不利位置強調應斷然採取的相應措施，儘量避免受到損失。其中，前者側重於地形本身，強調用兵者應主動避而遠之，萬不可陷於其中。後者則是戰勢，既有地形之不利，更有兵勢之劣弱。因此，不戰必亡，戰則有可能力挽狂瀾，起死回生。古今中外，置之死地而後生、反敗為勝的例子並不鮮見，拼死奮戰往往是將帥在危機下被迫做出的唯一抉擇。

有害即避，是普通的常識，但說起來容易做起來難，很多人貪眼前之利而招致損害。帶兵打仗，攻城掠地、消滅敵人，但「塗有所不由，軍有所不擊，城有所不攻，地有所不爭」。所謂「有所不」，並非「一定不」，需依據具體情況而決定取捨，衡量的標準是有利還是有害，特別要警惕表面的、眼前的、小的利益之下，掩蓋著的實質的、長遠的和巨大的災難。因此，將領用兵時的「變」，不僅是靈活機變之「變」，而且是辨明是非、權衡利弊之「辨」，要「雜於利害」，善於分析判斷。

對於國君的命令，也要根據具體情況而定，看該「受」還是不該「受」。有利於克敵制勝的命令，自然應該遵照執行；而不符合實際情況，於克敵制勝毫無用處，甚至有阻礙破壞作用的瞎指揮，就絕對不能執行。本篇「君命有所不受」的觀點與〈謀攻篇〉中對「君患於軍」和「將能而君不御」的思想一脈相承。

孫子在吳王宮中演練兵法時，按軍紀要斬殺吳王寵愛的兩位妃子，吳王為妃子求情，孫子便回答說「將在軍，君命有所不受」的話，駁回了吳王的求情，依律斬殺了妃子。事實上，「君命有所不受」是對上述九種常見情況的結語，不屬於「地利之變」的範疇，但它也是對將帥素質要求的提升。因為依據實際情況就地形而做出變通，有足夠的智慧、清醒的頭腦便可以完成，而對君王的命令要做出取捨遵違的判斷，在智慧之外還需要有過人的膽識和承擔風險的勇氣。

「變」，是對將帥素質最起碼也是最高標準的要求。孫子把「通於九變」視為將帥必備的素質，反覆說明將帥應精通於「九變之術」，並特別強調對「九變」不通、不知者便不能勝任用兵之責。這裡，與在〈計篇〉五德的智、信、仁、勇、嚴中，將「智」列於首位的思想是一致的。

「智者之慮，必雜於利害。」要真正成為智者，就必須能夠全面地辯證地看問題，克服片面性。只看到有利的一面，或只看到不利的一面，都不能做出正確的判斷。只有在有利的形勢下看到不利的方面，在不利的形勢下看到有利的方面，兼顧利害兩個方面，才可使戰爭沿著預期的方向發展，又可防患於未然，避免意外的變故發生，免遭不必要的損失。

同樣，只有根據實際情況分別曉以利或施以害，才能使別的諸侯國或屈服於我，或被我役使，或任我調遣。對於敵軍，就是要儘量造成和擴大其困難的方面，使其由利變害，由小害變為大害。在我軍方面，則要防患於未然，使敵軍無機可乘，而絕不寄希望於敵軍的慈悲，不抱任何不切實際的幻想。

孫子在最後指出了「將有五危」，從思想水準和性格特徵方面強調了將帥素質的重要性。將帥如果不從實際情況出發相機變通，只是感情用事、缺乏理性思考，就會招致覆軍殺將的厄運。這裡，孫子告誡將帥們在臨敵運用時應精於變通，其實孫子在文中也很好地表現了變通（或曰辯證）的觀點。證之以「將之五德」，勇者一定殺敵必死，信者自然廉潔好名，仁者無不愛民保民，而「殺敵者，怒也」（〈作戰篇〉），凡此種種，都是孫子正面肯定的觀點，在此處卻成為將帥們致命的弱點。這當然不是孫子自相矛盾，而是依據實際情況或不同境遇所做的權變，其中關鍵的因素是分寸，也就是「度」。把握住「度」的大小、多少很重要。「將之五危」也並不是一概地否定

「必死」、「必生」、「忿速」、「廉潔」、「愛民」，而是強調凡事不可過分，應權之以利害，有所為而有所不為。正如「真理與謬誤只有一步之遙」那樣，任何偏誤都有可能將事物的發展引向其反面。

世界上的事物千差萬別，矛盾錯綜複雜，對每一個矛盾和問題都要具體分析、具體對待，不可千篇一律，凝固不化。這就需要變，改變自己的行動以適應實際情況的變化，改變不利的態勢，使形勢向有利於自己的方面轉化。本篇正是秉承這一主題，深刻反映了客觀世界矛盾存在的多樣性和複雜性，特別是在矛盾轉化的過程中，各種機遇的出現都帶有偶然性和短促性。「利害之變」和「九地之變」，都包含著有所不為才能有所為、有所不取才能有所取的樸素辯證思想。無論是從理論上，還是在實踐上，其正確性與深刻性都是不容置疑的。打仗是你死我活的事情，形勢更是瞬息萬變，極難捉摸，加之雙方都在盡力製造假象、巧施詭計，就更需要靈活機變、相機變通了。

【案例】

軍事篇：良將周亞夫

想要成為一個優秀的指揮者，就要懂得變通的道理，不然就會造成「雖知地形，不能得地之利」、「雖知五利，不能得人之用」的結果。除了要通九變之外，面對上級的錯誤指示還要敢於違抗，一切行動只為得勝，因大義而舍小利，做到這些才算一個優秀的將領。西漢時期，漢王朝平定七王之亂的周亞夫就是這樣一個將領。

劉邦建立西漢王朝後，為了鞏固自己的統治地位，他決定採用封同姓子弟為王杜絕異姓篡權的政策，希望藉由家族血緣關係來維護自身的統治。隨著勢態的發展變更，原本用來鞏固統治的諸王，卻成了削弱朝廷勢力的一股很大的力量。

朝廷規定，封地內的法令、軍隊由朝廷統一管理、掌握，而經濟則由諸王自主支配。皇帝直轄的地盤不過十五個郡，而諸王的封地就有九郡，占了整個疆土的大半。隨著經濟的不斷發展，這些封國的財富日增，勢力日強，朝廷對封國的統一控制逐漸被削減殆盡，諸侯國形成了割據的狀態。到了漢景帝時期，諸侯國的割據勢力幾乎達到了與朝廷分庭抗禮的地步，這種情況嚴重影響了西漢王朝的統一。

許多忠於朝廷的官吏提出了削弱割據勢力、加強中央集權統治的主張。漢景帝採納了群臣的意見，先後削減了趙、楚、吳幾國對趙常山郡、楚東海郡、吳會稽、豫章郡等幾個郡縣的統治權，將領地收歸朝廷管轄。「削藩」政策的實施讓諸侯王的勢力大大削弱，如此一來便加劇了各諸侯王對朝廷的不滿。

西元前一五四年，諸侯王們和朝廷的矛盾激化到高潮，終於爆發了叛亂，這次叛亂是由吳、楚等七個諸侯王聯兵發動的，史稱「七國之亂」。

吳王劉濞是此次叛亂的首領。劉濞倚仗吳國封土廣大，財力富足，早就蓄意謀取皇位。這次聯合七國之兵發動叛亂，正是他陰謀篡奪中央政權的一次嘗試。起兵之初，劉濞親自去膠西，說服了膠西王出兵參加反叛朝廷的行動。接著又派遣使者遊說齊、菑川、膠東、濟南諸王參加叛亂。吳王經過一番奔走遊說，膠西、膠東、濟南、楚、趙等國都先後同意聯盟起兵，反對朝廷。

劉濞見聯盟已成，便開始部署戰略，按照劉濞的計畫，諸王的軍隊從南、北、東三面合擊關中：越兵先攻戰長沙以北的地區，再西趨巴蜀、漢中；越、楚、淮南、衡山、濟南諸王會同吳軍西取洛陽；齊、菑川、膠東、膠西、濟南諸王與越王先攻占河間（今河南獻縣）、河內（今河南武陟），再入臨晉關（今陝西大荔東），與吳軍會師洛陽；燕王北取代郡（今河北蔚縣東北）、雲中（今內蒙托克托東北）後，再聯合匈奴南下，入蕭關（今寧夏固原東南），直取長安；吳、楚軍主力先占滎陽，與齊、趙軍會師，直取長安。總之，所有的計畫重點都是在長安，因為長安是漢王朝的統治中心，劉濞認為只要攻下長安，那奪取漢王朝的統治權就不成問題了。

漢景帝得知七王發動叛亂的情報後，立即任命周亞夫為太尉，率軍東進攻擊吳、楚之軍，同時派兵對付齊、趙的進犯，決心迎擊叛軍，平息叛亂。受命於危難之際的周亞夫，並沒有因為戰事緊急而手腳慌亂。相反，面對叛軍壓境，周亞夫十分冷靜，他全面分析了敵我雙方的兵力及特點，提出了「以梁疲敵」的作戰計畫。因為當時野心勃勃的吳王親率二十萬軍隊，從吳都廣陵出發，北渡淮河，會合楚軍一道西進，準備先攻打梁國，把梁國拿下後，再直搗長安。

周亞夫向漢景帝提議：「吳軍士氣正盛，剽悍輕捷，難與他們正面爭雄。為了避免過早地與敵正面交鋒，我們暫時把梁國捨棄給吳國，以此消耗吳軍的實力；然後再斷絕他們的糧道，讓他們無法及時補給，這樣就能制服吳軍了。」漢景帝同意了周亞夫的計畫，命他率軍從長安出發向洛陽進軍。

周亞夫原計畫走大道，經崤山（今函谷關南）、澠池直達洛陽。屬將趙涉提醒他說：「吳王知道將軍的動向，必定會在崤、澠之間安置間諜，在險要處設下埋伏，阻止我軍東進。所以，我們應該改變原定的行軍路線，改由經藍田出武關，然後直達洛陽。這條路線雖比原定路線要多用一二天的時間，但可以神不知鬼不覺地安全抵達洛陽，讓吳軍無法洞悉我們的進程。」周亞夫採取了趙涉的意見，果然一路經過藍田，出武關，經南陽直至洛陽，都沒有遇到吳軍的埋伏。周亞夫順利地派兵搶先占領了滎陽要地，控制了洛陽的軍械庫和滎陽的敖倉。

這時，吳、楚聯軍已開始向梁國發動進攻，在棘壁殲滅梁軍數萬人，占領了梁國的部分地區。梁軍退保睢陽，又被吳、楚聯軍包圍。危急時刻，梁國請周亞夫派兵緊急救援睢陽，周亞夫卻不理睬，領兵向東北進發，在昌邑深溝高壘修築起堅固的防禦陣地。面對吳、楚聯軍的一再進攻，梁國幾乎朝不保夕，梁王天天派使者請求發兵，周亞夫依然不發兵救梁。睢陽之困未解，梁王只好上書漢景帝，漢景帝派使者下達命令，要周亞夫火速率兵救梁。沒想到，周亞夫竟然不遵王命，依舊堅守營壘不肯發兵救援。其實周亞夫並非見死不救，他是有自己的打算。他派出輕騎兵向南，迂迴到吳、楚聯軍的背後，斷絕其糧道。因為只要糧道一斷，吳楚大軍也就不攻自破了。

梁軍面對吳、楚聯軍的四面包圍，一面竭力堅守，一面派出精銳部隊襲擾吳軍。睢陽久攻不下，很快，吳、楚聯軍的糧草便開始出現虧空，這樣一來，劉濞西取滎陽、洛陽的企圖就無法實現，想要按原路返回，退路又受到周亞夫軍隊的威脅，士氣受到嚴重挫傷。吳、楚聯軍只好調轉兵力進攻下邑，企圖尋找周亞夫的主力與之決一死戰。

哪知道周亞夫固守不出，根本不理睬吳、楚聯軍的挑戰。為了引周亞夫出兵，吳、楚聯軍使出聲東擊西之計，派部分兵力到漢軍的東南角佯攻，引誘漢軍救援，乘機攻擊西北營地。周亞夫識破了敵軍的詭計，暗暗加強了西北面營壘的力量。當吳、楚聯軍主力進攻西北角的時候，依然失敗，聲東擊西的計謀沒有得逞。就這樣，吳、楚聯軍攻打漢軍營壘不克，引漢軍出來決戰又不得，兵疲糧盡，只好引軍撤退。

周亞夫一看到吳、楚聯軍有撤退的跡象，就立即派精銳部隊追擊掩殺。吳、楚聯軍不敵漢軍，遭到大敗，楚王劉戊被迫自殺。吳王劉濞也丟棄了大部分軍隊，僅帶著幾千名親兵將士逃到了丹徒，企圖依託東越做最後的掙扎。周亞夫乘勝追擊，俘虜了全部吳國將士，還懸賞黃金千斤捉拿出逃的吳王。一個多月後，東越王在漢軍的威脅和利誘下，殺了吳王劉濞。

當初答應按吳王部署出戰的其他諸侯王，也都被漢軍剿滅。事實上，當初吳王對諸王聯盟的穩定性估計過高，其他諸王並沒有按他的計畫行事。當吳、楚聯軍向梁國進攻時，其他諸王卻各懷異心。齊王背約不出兵，越王則觀望吳、楚聯軍戰事。膠東、膠西、菑川、濟南四王的軍隊在膠西王的統一指揮下，改變了進攻洛陽與吳、楚聯軍會師長安的計畫，反而去圍攻齊國的臨淄。結果，臨淄沒有攻下，卻遭到景帝派出的另一路漢軍的打擊，四王聯軍全軍覆沒。最後，膠西王、趙王自殺，其餘諸王被漢軍所殺，至此七王叛亂徹底失敗。周亞夫僅用了三個月的時間，就平定了這場叛亂。

在這場戰爭中，周亞夫過人的領導才能發揮了舉足輕重的作用。他事先擬定好作戰計畫，做到有備無患，在作戰過程中，又根據實際情況，靈活改變作戰策略，可謂一個「通於九變之利」的「知用兵者」。面對漢景帝的錯誤指示，周亞夫果敢地堅持己見、不受君命，為戰爭取勝贏得了必要條件。這前前後後的指揮部署，都充分展示出周亞夫作為一個出色軍事家所具備的必要素質。

商業篇：靈巧經營占商機

企業的發展仰仗於整個世界的大環境，世界經濟發展狀況良好，企業的收益也會隨之增加，反之世界經濟不景氣，企業的發展也會受影響。要如何應對大環境的變更，不隨波逐流仰人鼻息呢？這就需要企業在競爭中「通於九變之利」，靈活地把握市場需求，及時調整投資策略，才能使企業獲得好的發展。

德士古石油公司是一個實行縱向一體化經營的綜合性大公司，它在世界石油工業中具有重要的影響，其業務範圍包括從石油勘探、生產到加工和銷售。石油化工業務在整個業務中也占有一定的比重。

因為德士古的原油主要在國外生產，所以德士古在國內外的分公司、子公司非常多。為了便於管理，公司根據集中控制和分散經營的管理原則，對組織機構進行了調整，新設了德士古美國公司、德士古拉丁美洲－西非公司、德士古歐洲公司、德士古化學公司和德士古國際勘探公司等五個分部，而且每個分部都有明確的分工。德士古美國公司負責在美國境內的勘探、生產、提煉和遠銷業務。德士古拉丁美洲－西非公司負責中南美洲、加勒比地區以及西非國家的各項業務。德士古歐洲公司負責在歐洲的勘探、生產、提煉和銷售業務。德士古化學公司負責在世界各個地區的石油化工產品的生產和銷售業務。德士古國際勘探公司主要負責尋找新的油源。加上原來的德士古加拿大公司、石油經營部、中東－遠東部、替代能源部，共有九個主要分部。

德士古公司在投資方面奉行靈活的政策，除了擁有在國外投資新建和擴大全部股權的企業外，也搞合資經營。一九九一年，世界原油和天然氣價格疲軟，德士古仍然堅持自己全球化經營和多功能經營的原則，加強了在歐洲、拉丁美洲和太平洋邊緣國家加工產品的生產和銷售，使國際範圍內的下游收入有所增長，補償了美國下游經營的虧損，有效地減弱了美國經濟的不景氣和原油價格疲軟給公司帶來的影響。僅這一年的純利潤就將近十三億美元，每股達四・六一美元，每股普通股息達到二〇美元，固定資產超過二十六億美元，基本建設和勘探投資達三十六億美元。激烈的石油競爭市場，並沒有讓德士古吃不消。相反，德士古公司在靈活的投資下避免了市場的萎縮，還將自己的經營活動繼續擴大，進一步鞏固了自己的地位。

一九九一年初，德士古採取了一系列措施，更加嚴格地控制成本和各項費用的增長，來應對西方經濟的不景氣和世界範圍內經濟發展的不穩定局面。公司在國內外各分部開展「全面提高品質程序」，進一步提高生產率，從管理人員到工人全力投入提高生產能力和改進經營策略的工作中。各管理部門經理都在各自的部門內對投資專案進行同樣的考察，用自己的知識和經驗對初期投資效益做出判斷。

德士古董事會為了「提高效率」這一倡議的順利進行，除了繼續對公司的經營活動進行全面管理和監督以外，還不定時對前期投資狀況進行檢驗，以便從中瞭解投資效益並靠瞭解的結果對未來進一步的投資做出初步決定。在近兩年的時間裡，董事會對四十個工程項目進行了考察，總投資額達三十八億美元，這些項目的發展狀況和收益達到了預定的目標。此外，完善的生產系統是讓公司領導人最得意的地方，德士古的這套生產系統，能夠向使用者提供高品質的燃油。德士古還在亞瑟港建成了一座日產四萬噸的煉油廠，這座煉油廠不僅能提高產量而且能夠降低原材料成本，使得公司的煉油系統進一步完善，競爭能力也進一步增強。

德士古歷來重視用技術來提高產品品質，一九九二年，德士古用於研究與開發方面的費用就高達二・五億美元。德士古充分運用了這筆資金，並加強了公司研究所科學家和管理人員以及實際操作人員之間的配合。所作的努力都沒有白費，德士古生產的三號系列汽車用油為石油工業界建立了新的燃油標準。儘管美國燃油市場仍然疲軟，但是帶「德士古」商標的石油產品卻十分暢銷，在市場上仍占有相當大的比例。德士古的產品能夠滿足國際市場上最挑剔的用戶的需求。

除此之外，德士古在產品銷售方面的新招也層出不窮，領導著銷售服務的潮流。公司在每個加油站旁都建有「方便商店」，汽車在加油時，駕駛可以購買各種食品、飲料和辦理其他各種事情。現在，在世界各地，該公司共建有七千多家這類「方便商店」。

德士古之所以會發展得這麼迅速，就是因為其領導策略靈活多變。商業競爭，時時刻刻都存在著，要想在商界立足，就必須要靈活應對所遇到的一切情況，德士古就是做到了這一點，所以才有了今天令人矚目的成績。

〈行軍篇〉

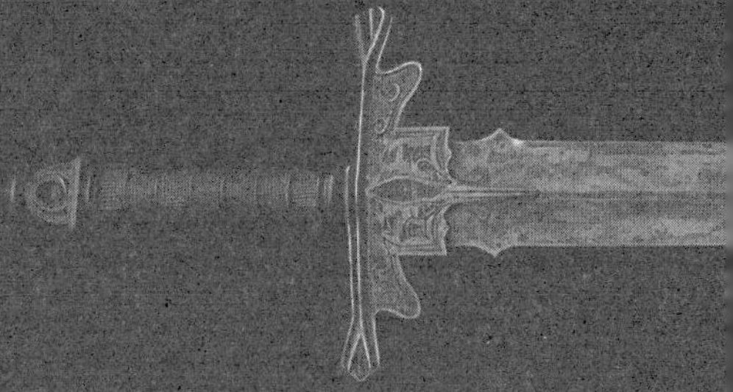

【原典】

孫子曰：凡處軍、相敵：絕山依谷[一]，視生處高[二]，戰隆無登[三]，此處山之軍也。絕水必遠水[四]；客絕水而來，勿迎之於水內，令半濟而擊之[五]，利；欲戰者，無附於水而迎客[六]；視生處高，無迎水流[七]，此處水上之軍也。絕斥澤，惟亟去無留[八]；若交軍於斥澤之中，必依水草而背眾樹[九]，此處斥澤之軍也。平陸處易[一〇]，而右背高[一一]，前死後生[一二]。此處平陸之軍也。凡此四軍[一三]之利，黃帝之所以勝四帝[一四]也。

凡軍好高而惡下[一五]，貴陽而賤陰[一六]，養生[一七]而處實[一八]，軍無百疾，是謂必勝。丘陵堤防，必處其陽而右背之[一九]。此兵之利，地之助也。上雨，水沫至[二〇]，欲涉者，待其定也。凡地有絕澗[二一]、天井[二二]、天牢[二三]、天羅[二四]、天陷[二五]、天隙[二六]，必亟去之，勿近也。吾遠之，敵近之；吾迎之，敵背之。軍旁有險阻、潢[二七]井、葭葦、林木、翳薈[二八]者，必謹覆索之[二九]，此伏奸之所處[三〇]也。

敵近而靜者，恃其險也[三一]；遠而挑戰者，欲人之進[三二]也；其所居易者，利也[三三]。眾樹動者，來也；眾草多障者，疑也[三四]；鳥起者，伏也；獸駭者，覆也[三五]。塵高而銳[三六]者，車來也；卑而廣[三七]者，徒來也；散而條達者，樵采[三八]也；少而往來者，營軍也[三九]。辭卑而益備者，進也[四〇]；辭強而進驅者，退也[四一]；輕車先出居其側者，陳也[四二]；無約而請和者，謀也[四三]；奔走而陳兵車者，期也[四四]；

半進半退者，誘也。杖而立[四五]者，飢也；汲而先飲者，渴也；見利而不進者，勞也。鳥集者，虛也[四六]；夜呼者，恐也；軍擾者，將不重也[四七]；旌旗動者，亂也；吏怒者，倦也；粟馬肉食，軍無懸缻，而不返其舍者，窮寇也[四八]。諄諄翕翕[四九]，徐與人言者，失眾也；數賞者，窘也[五〇]；數罰者，困也；先暴而後畏其眾者，不精之至也[五一]；來委謝者[五二]，欲休息也。兵怒而相迎，久而不合，又不相去[五三]，必謹察之。

兵非貴益多[五四]也，惟無武進[五五]，足以并力、料敵、取人[五六]而已。夫惟無慮而易敵[五七]者，必擒於人[五八]。

卒未親附而罰之[五九]，則不服，不服則難用也；卒已親附而罰不行，則不可用也。故令之以文，齊之以武[六〇]，是謂必取[六一]。令素行以教其民，則民服[六二]；令素不行以教其民，則民不服。令素行者，與眾相得[六三]也。

【注釋】

一、絕山依谷：行軍穿越山地時要傍依溪谷而行。絕：通過，穿越。

二、視生處高：軍隊駐紮要在視野開闊、地勢高的地方。生：原意是生機，在這裡引申為開闊的意思。

三、戰隆無登：敵軍占據高地的時候，不宜自下而上的上去仰攻。隆：高地。

四、絕水必遠水：軍隊橫渡江河後，要在離河流稍遠的地方駐紮，以免陷入背水一戰的困局。

五、半濟而擊之：乘敵軍一半渡過河，一半沒渡河的時候進攻。

六、無附於水而迎客：不要在靠近水的地方迎敵。

七、無迎水流：不要在河水的下游駐紮，以免讓敵人有機會在上游決水或投毒。

八、絕斥澤，惟亟去無留：穿越鹽鹼沼澤地區，應迅速離開不要停留。斥：鹽鹼地。澤：沼澤地。

九、必依水草而背眾樹：軍隊駐紮時一定依傍水草、背靠樹林。

一〇、平陸處易：軍隊駐紮時到了開闊的地方，也要選擇在相對平坦的地方安營紮寨。易：平坦，開闊。

一一、右背高：軍隊駐紮時要背靠著高地為依託。右：古時右為上。

一二、前死後生：前面有天然屏障，後面進退方便。

一三、四軍：指代上文提到的處山、處水、處斥澤、處平陸等，在四種不同地形條件下的處軍原則。

一四、四帝：指上古時期四方氏族的部落首領。

一五、好高而惡下：軍隊駐紮時，要儘量選擇在高處而不要在低處。

一六、貴陽而賤陰：軍隊駐紮時要儘量選擇在向陽乾燥的地方而不要在陰暗背光的地方。

貴：重視。賤：輕視。

一七、養生：水草豐富、糧食充足。這裡形容人馬都可以得到休養生息的地方。

一八、處實：軍事物資運輸便利的地方。

一九、必處其陽而右背之：行軍打仗，我軍一定要占據向陽的一面，並且以主要側翼背靠著它，以其為依託。處：占據。右：軍隊的主要側翼。

二〇、上雨，水沫至：上游有大雨，河水的泡沫紛湧而至。

二一、絕澗：兩岸峭壁，流水形成的溝的地勢。

二二、天井：四周較高，中間低窪的地勢。

二三、天牢：三面環絕，易進難退的地勢。

二四、天羅：荊棘叢生，難於通行的地勢。

二五、天陷：地勢低窪，滿是泥濘的地勢。

二六、天隙：兩山之間，道路迫狹的地形。

二七、潢：積水池。

二八、翳薈：草木繁茂、障礙多的地帶。

二九、必謹覆索之：一定要謹慎地反覆地搜索。

三〇、伏奸之所處：埋伏敵軍的地方。

三一、敵近而靜者，恃其險也：敵軍逼近我軍卻能保持安靜，是依靠他們所占的地形險要。

三二、進：冒險犯進。

三三、其所居易者，利也：敵軍駐紮在地勢平坦的地方，一定是有利可圖。

三四、眾草多障者，疑也：敵軍在草叢裡設置大量遮蔽物，是想要迷惑我軍。

三五、獸駭者，覆也：野獸驚駭四處奔跑，定是敵軍大軍壓境。覆：覆蓋，這裡引申為勢力浩大。

三六、塵高而銳：塵土高揚，直沖天際。

三七、卑而廣：塵土揚起的置低而且面積廣大。卑：地位低下，在這裡引申為位置較低。

三八、散而條達：塵土揚起的分散而細長零散。樵采：砍柴伐木。

三九、少而往來者，營軍也：塵土飛揚少而且時起時落的，是敵軍準備在立營。

四〇、辭卑而益備者，進也：敵人派來的使者言詞謙卑，而實際上卻加緊備戰，這是要向我軍進攻的徵兆。辭：言辭。卑：謙卑。

四一、辭強而進驅者，退也：敵人的使者言辭強硬，並且擺出咄咄逼人的架勢，這往往是撤退的徵兆。

四二、輕車先出居其側者，陣也：敵人的戰車先出來列放在軍營的右側，這往往是列陣欲戰的徵兆。輕車：戰車。

四三、無約而請和者，謀也：敵人的處境並不困難而主動來向我軍請和，這往往是敵軍有計謀的徵兆。

四四、奔走而陳兵車者，期也：敵軍迅速奔跑，並且用戰車擺開陣勢，這往往是期待與我軍決戰的徵兆。

四五、杖而立：依著兵器站立。

四六、鳥集者，虛也：群鳥積聚的地方，這是下面的營壘已經空了的原因。

四七、軍擾者，將不重也：軍營內紛紛擾擾，這是將領不持重的原因。

四八、粟馬肉食，軍無懸缻，而不返其舍者，窮寇也：敵軍以糧食餵戰馬，殺牲口吃肉，營中不見用繩子懸掛炊具，士卒們一定是準備決一死戰了。缻：同「缶」，汲水的瓦器，這裡泛指炊具。

四九、諄諄翕翕：將領低聲下氣的講話。

五〇、數賞者，窘也：敵軍一再犒賞士卒，是處境非常窘迫的原因。

五一、先暴而後畏其眾者，不精之至也：將帥先對士卒凶暴，後來又懼怕士卒叛變，是不精明到了極點的做法。

五二、委謝：委屈賠禮。委：委婉。謝：謝罪。

五三、兵怒而相迎，久而不合，又不相去：敵軍氣勢洶洶而來，卻一直不向我軍交戰，又不離開。

五四、兵非貴益多：兵力不一定越多越好。

五五、武進：恃勇輕進。

五六、取人：爭取人心。
五七、易敵：輕視敵人。
五八、擒於人：被敵人所俘虜。
五九、卒未親附而罰之：士卒還未親近依附將領時，將領就處罰士卒。
六〇、令之以文，齊之以武：用寬仁、道義來讓士卒接受命令，用軍紀、軍法來讓軍隊整齊劃一。
六一、必取：一定會取得部下的敬畏和擁護。
六二、令素行以教其民，則民服：平時認真貫徹法令以教育部下，就可以讓部下敬服。
六三、與眾相得：將帥與部下關係融洽。相得：關係融洽。

【譯文】

孫子說：凡是帶領軍隊行軍打仗，判斷敵情時，都要依傍溪水而行；駐紮軍隊要在居高向陽、視野開闊的地方；如果敵軍占領高地就不要去仰攻，這是在山地行軍作戰的原則。軍隊橫渡江河後，必須在遠離江河的地方駐紮；敵軍渡河來戰，不要迎擊於敵軍剛入水的時候，而是讓敵軍渡過一半時再去進攻，最為有利；想要和敵軍決戰，就不能緊靠水邊列陣布兵；要居高向陽，不要處於敵軍的下游。這是在江河地帶部署軍隊的原則。通過鹽鹼沼澤地帶，要迅速離開，不可停留；如果與敵軍遭遇於鹽鹼沼澤地帶，那就必須靠近水草，背靠樹林。這是在鹽鹼沼澤地帶部署軍隊的原則。在平原上，要選擇開闊的地域安營紮寨，主要側翼則應該依託高地，做到面向平原、背靠山險，這是在平原地區駐紮軍隊的原則。以上這四種駐紮軍隊的原則的有利之處，就是黃帝能戰勝四方之帝的原因。

一般來講駐紮軍隊都是喜歡乾燥的高地，避開潮濕的窪地；看重向陽的地方，迴避陰暗的地方；選擇水草豐茂的地方，這樣軍需供養才充足，士兵們百病不生，這樣就一定會勝利。在丘陵堤防地帶，要占領向陽的一面，主力背靠著它。這些對於用兵有利的措施，都是以地形條件做輔助才完成的。上游降雨，洪水突至，若要涉水過河，應等水流平穩之後再過。凡是遇到絕澗、天井、天牢、天羅、天陷、天隙這樣的地形，必須迅速離開，切不要靠近；我軍要遠離這些地形，讓敵軍靠近這些地形；我軍要面向這些地形，讓敵軍背靠這些地形。軍隊的附近有險峻的地勢、沼澤泥濘之地、蘆葦、樹林和草木茂盛的地形，就一定要謹慎地反覆地搜索，這些可能是設下埋伏的地方。

敵軍逼近我軍卻可以保持安靜，是倚仗他們占領著險要的地形；敵軍離我軍很遠卻前來挑戰，是想引誘我軍前進；敵軍所駐紮的地形平坦，一定是因為其中有利可圖。許多樹木搖曳擺動，表明敵人隱蔽前來；草叢中有許多遮蔽物，是敵軍布下的疑陣；群鳥驚飛，是下面有伏兵；野獸驚駭奔逃，是敵軍大舉進襲。塵土飛揚得又高又尖，是敵軍的戰車來了；塵土飛揚得低而寬廣，是敵軍的步兵來了；塵土稀散、縷縷上升，是敵軍正在砍柴；塵土較少且時起時落，是敵軍正在安營紮寨。

敵軍的使者措辭嚴謹謙卑卻又加緊戰備，是準備向我軍進攻；敵軍的使者措辭強硬且軍隊做出進攻姿態，是準備撤退的表現；敵軍先出動戰車，部署在兩翼，是在布兵列陣；敵軍的處境並不困難卻主動來講和，一定另有陰謀；急速奔跑並排兵列陣，是期待與我決戰；半進半退的，是企圖引誘我軍。敵兵倚靠兵器站立，是飢餓的表現；敵兵打水時自己先喝，是乾渴的表現；眼見有利但不進兵爭奪的，是疲勞的表現；飛鳥在上空聚集，說明下面的軍營是空的；敵軍夜間慌亂喊叫，是因為內心恐懼；敵營驚擾紛亂，是因為敵人的將領沒有威嚴的表現；敵陣旗幟搖動不整齊，是因為隊伍已經混亂；軍官容易發怒，是全軍疲勞的表現；殺馬吃肉的，是軍中沒有糧食了；收拾炊具，士卒不再返回營房的，是準備拼死突圍的窮寇。敵將低聲下氣同部下講話，表明他已失去了人心；不斷犒賞士卒，表明敵軍已無計可施了；不斷懲罰部屬的，是敵軍處境困難的表現；將領一開始對部下凶暴粗狠，後來又害怕部下叛變，是不精明到了極點的表現；敵軍派使者委婉謝罪，是想休養生息的表現；敵軍來勢洶洶，與我軍對陣，可是卻一直不與我軍作戰，也不撤退，一定要謹慎地觀察敵軍的意圖。

兵力並不是愈多愈好，只要不輕易冒進，集中兵力，判明敵情，取得部下的信任和支持，也就足夠了。那種既沒有長遠考慮又自負輕敵的人，勢必會被敵軍俘虜。

士卒在沒有親近歸附將領的時候，將領就施行懲罰，那麼士卒就會不服氣，不服氣的話就很難被指揮；士卒已經親近歸附將領了而將領不執行軍法軍紀，也無法指揮士卒行動。所以，用懷柔寬仁的手段去教育士卒，用嚴格的軍紀軍法去管束規範士卒，這樣必定會取得部下的敬畏和擁戴。平素嚴格管教士卒的行為，認真執行命令，士卒就能服從；平素不重視嚴格執行命令，管教士卒，士卒就不會服從。平時嚴格執行命令，將帥與兵卒之間就會相處融洽。

【名家注解】

東漢．曹操：「擇便利而行也。」

宋．王晳：「行軍當據地便察敵情也。」

宋．張預：「知九地之變，然後可以擇利而行軍，故次〈九變〉。」

【解讀】

在現代軍事用語中，「行軍」涉及的只是行進過程本身而不包括其他，單純指由一個地方轉移到另一個地方去的行動。孫子在〈行軍篇〉中所講的「行軍」，意義與現代軍事用語差異相當大，它涉及的範圍幾乎包括了軍事活動的大部分內容，不僅包括了軍隊轉移運動的現代意義，還包括了作戰、觀察地形、駐紮安營、判斷敵情、團結管理內部等諸多內容。

〈行軍篇〉所論述的主要內容，是軍隊在不同的地理環境和戰爭態勢下，行軍作戰、駐紮安營、觀察利用地形、分析判斷敵情以及處置部署部隊的基本原則，分為「處軍」、「料敵」、「治軍附眾」三個方面。

「處軍」，講的是軍隊在各種不同地形上行動應採取的方法，強調必須善於使自己的軍隊占據利用地形，這樣才能便於生存和作戰，才能充分發揮戰鬥力奪得勝利，正所謂「兵之利，地之助也」。孫子在本篇一共講述了山地、江河、鹽鹼沼澤地、平地四種情況下的「處軍」。

行軍通過山地時，首先要沿山谷行進，也就是「絕山依谷」，因為山谷水草便利，地勢較平坦，隱蔽條件好。其次是「視生處高」，選擇乾燥向陽，視野開闊，地勢險要，易守難攻的地形。再次是「戰隆無登」，這一句指出了山地戰鬥的原則，切不可自下而上仰攻，只宜居高臨下俯衝。

行軍通過江河時，原則有五條：「絕水必遠水」，渡河後必須遠離河流，且要引得敵軍隨後渡河追擊，迫敵於背水地，而自己避免造成背水作戰的不利局面。「半濟而擊」，敵軍渡河來犯，應乘敵軍半數已渡、半數未渡之時發起攻擊，那時敵前軍布陣未周，後軍阻塞河岸，中軍尚在水中，突然襲擊必定使敵軍進退不得、方寸大亂，我軍可大獲全勝。「欲戰者，無附於水而迎客」，這是對「半濟而擊」的補充，上言攻擊，此言列陣待敵，不可背靠江河迎敵，但可面向江河阻擊對岸之敵，使其不得渡。「視生處高」，意同山地之法。「無迎水流」，即不要處於敵軍的下游，防止敵軍決堤放水淹沒我軍，或投放毒藥毒害我軍。

行軍通過鹽鹼沼澤地時，一定要「亟去無留」，迅速通過、迅速離開。萬一與敵軍在這種地形相遇，便「必依水草而背眾樹」，借草木可做依託，另沼澤中生草木處，土質相對堅硬，這種地形增加了我軍的主動權，便於立足通行。

行軍通過平地時，一要選擇地勢平坦處，便於戰車馳行；二要讓側翼依託高地，便於觀察戰況，也可居高臨下而攻；三要「前死後生」，應將「死地」留給敵軍，將「生地」占為己有。對此古代研究者認為是「前低後高」，利於出擊，但不完全。前，我軍攻擊的方向，也是敵軍所處的位置；後，我軍所處的位置，以及撤退、固守的地方。

此後孫子又強調了宿營時對地形的選擇與利用，強調的是充分利用地形優勢，來輔助軍隊戰鬥力的發揮。儘量避開地勢低窪、陰暗潮濕、給養供應不便的地方。宿於丘陵、堤防一類地形時，必須處於它向陽的一面，而且背靠著它。總體上要選擇地勢高峻、向陽乾燥、水草豐美、糧食充足的地形安營紮寨。

對於我軍所處的不利地形，孫子提出了應採取的措施。遇到「六害之地」（絕澗——兩岸峭峻、難以跨越的山間溪谷。天井——四面高峻、中間積水的地形。天牢——四周險惡，易進難出的地形。天羅——草木叢生、行動困難的地形。天陷——地勢低窪、道路泥濘的地形。天隙——兩山夾峙、道路狹窄的地形），唯一的選擇是儘快離開，不可靠近，同時設法讓敵軍靠近它們，並且背向它們，而我們則可以面對它們向敵攻擊；當軍隊處於地形複雜的險阻、潢井、蒹葭、林木、翳薈等地時，應該仔細反覆地進行搜索，以防敵軍的埋伏和奸細。

孫子將「地」列於考察戰爭勝敗的「五事」之一，在此又極盡其詳地分別論述了處於各種不同地形情況下，軍隊應該採取的正確措施，不僅可看出孫子對地形的重視，而且其中貫穿的是「避害就利」、「以患為利」的思想，既有實事求是的態度，又有辯證施治的精神。孫子對地形的列舉與相應對策的指示，可謂窮搜盡收，相當齊備了。

「料敵」，是通過各種徵候對敵軍的行動作出正確的判斷，以便我軍能制定克敵制勝的戰略戰術，講的是對敵情進行周密細緻的觀察。孫子在此列舉了三十二種現象及其所顯示的敵軍情況，是很有價值的經驗之談，統稱「相敵三十二法」，大致可分為兩類。

第一類是根據自然景象的特徵和變化觀察、判斷敵情。樹動、草多障、鳥起、獸駭、塵土的四種狀態，以及下文之鳥集，自然界的變化都對應著敵軍的不同動作和狀況。

第二類是根據敵軍的行動來判斷觀察敵情。又可分為二層：其一，是從敵軍的舉止態度來判斷其狀態和意圖。恃險者、誘人者、有利可圖者，布陣對敵各不相同；欲進者、欲退者、欲休息者，使者的表現截然相反；布陣、設謀、欲戰、誘人，軍隊的動作各有特徵；而「兵怒而相迎，久而不合，又不相去」者，難以一眼看穿，因而也是最具潛在危險的敵軍，一定要謹慎等待。其二，是從敵軍陣營內部的表現來判斷其實力和心理狀況。飢、渴、勞、恐、亂、倦以及軍無糧、將不重，甚而窮寇，皆各有徵候。這些是以士卒為主要對象，整體判斷敵營的情況；而透過「與人言」、「數賞」、「數罰」、「先暴後畏」等現象，則可判斷敵軍將帥的地位、處境、心理以及理智。

這三十二法是孫子在他所處時代在陣前直接用肉眼觀察的方法，當然無法與現代軍事偵察的設備水準和技術方法相提並論。但是，透過各種徵候來判斷敵情的方法，儘管顯得古樸、原始，卻相當生動、十分具體，也是極為有效的，由外至內，由表及裡，由點到面，由外層到核心，層次分明，步步深入。由兩軍陣前到敵營內部，由整體審視到具體分析，最後歸結於敵軍將領，具體而微細，詳盡周全。就是在現代偵察技術十分發達的今天，這些方法仍然可以發揮儀器無法替代的積極作用，作為一種補充手段繼續使用。

「治軍附眾」，講的是將帥要嚴格地管理軍隊。在論述這一點時，孫子先闡述了「兵非貴益多」的觀點，提出立於不敗的四條原則：不貿然進攻；能團結內部同心協力；能準確地掌握敵情；能獲得部屬的信任和支持。由此推出將帥的關鍵作用，而將帥的成功，首先要建立在團結內部和取得人心上。正基於此，孫子對將帥治軍的要求，一是賞罰分明而且適度，讓士卒心悅誠服，為將帥所用；二是用「令之以文，齊之以武」的方法，取得士卒的敬畏和信任；三是以身作則，用自己的行動教育部下，讓士卒口服心服，將士之間建立起融洽和諧的關係。只有「治軍附眾」了，才能內部團結，將士同心，在戰場上「足以並力」。

孫子在最後提出的「令之以文，齊之以武」的治軍原則，已經成為當今管理者普遍熟知的常識，保有強大的生命力。「素行教民」強調將帥要以身作則，在行動上做部下的榜樣和表率，更具有概括性和針對性，在任何時代、任何區域都不會過時，被後世的軍事家、政治家乃至某些團體、組織的領導者廣泛使用。

【案例】

軍事篇：李世民料事如神

在〈行軍篇〉中，孫子主要從「處軍」、「料敵」、「治軍附眾」三個方面闡述取勝的方法，其中前兩個是取勝較為基本、根源的方面，只有把握好這兩點才有取勝的可能。中國歷史上著名的虎牢之戰就充分地說明了這一點。

隋朝末年，統治殘暴，人民忍無可忍，為了反抗腐朽的朝廷，各地農民起義風起雲湧地爆發起來。到西元六一七年初，河北一帶的竇建德起義軍、河南一帶的李密起義軍、江淮一帶的杜伏威起義軍，成為當時三支規模較大、實力最強的農民起義軍。他們各據地盤，各自為戰，殲滅了大量隋軍。與此同時，一些貴族和地方官吏也紛紛起兵反隋，意圖以自己為中心重建封建統治秩序，其中以太原起兵的李淵父子實力最為強大。這些地方起義使隋王朝瀕臨徹底崩潰的邊緣。

李淵父子是富有政治遠見和軍事才能的封建貴族官僚，李淵本人是隋朝太原留守，他和兒子在太原於西元六一七年五月起兵反隋。起兵之後，他們採取了高明的戰略，在軍事方面不斷取得進展，同時實施爭取人心的政治、經濟措施，贏得了政治上的主動。在不到半年的時間裡，李淵軍攻下了隋都長安，占據了關中和河東的廣大地區，並迅速把占領地拓展到包括秦、晉、蜀等在內的廣大地區，成為一支當時舉足輕重的強大的力量。西元六一八年，李淵在長安稱帝，建立了唐朝。

建國後，李淵父子繼續引兵向東擴展，籌劃一統全國，在不長的時間裡相繼擊敗了薛舉、梁師都、劉武周等地方割據勢力，勢力進一步擴大。當時，李密領導的瓦崗寨起義軍已經解體，而控制著江淮地區的杜伏威起義軍的力量相對較弱。最有實力的軍事集團是河北竇建德起義軍和新崛起的占據洛陽的王世充集團，因此他們成了李唐軍事擴張的主要對手。

李淵集團針對具體情況，制定了各個擊破、遠交近攻的戰略。李淵先派遣使者穩住竇建德，讓李世民率唐軍出潼關進攻東都洛陽，實施消滅王世充集團的戰略計畫。李世民大軍在洛陽城下與王世充大軍進行了歷時半年的激烈交戰，排除了洛陽城外王世充軍的據點，形成了對洛陽城的包圍。王世充困守孤城，處境險惡，連連向竇建德告急求援。

竇建德知道「唇亡齒寒」的道理，王世充若被消滅，自己就會成為唐軍的下一個進攻目標，所以不能坐視不救。西元六二一年三月，竇建德在兼併了山東的孟海公起義軍之後，親自率領十萬大軍援救洛陽。竇建德揮軍連下管州、滎陽、陽翟等地，很快推進到虎牢以東的東原一帶。李唐軍在王君廓內應的協助下，已經於二月三十日夜，偷襲占領了虎牢。虎牢是洛陽東面的戰略要地。

李世民對洛陽城久攻不下，此時竇建德援軍又驟然而至，李世民面對兩面受敵的緊急形勢，在青城宮召開前線指揮會議，研究破敵之策。唐宋州刺史郭孝屬、記事薛收等人認為：王世充固守洛陽城已久，糧草勢必早就匱乏了，而竇建德遠道前來增援，如果讓王、竇聯兵，竇建德用河北的糧食供應王世充，那麼王世充的軍隊士氣就會大大提高，再加上竇建德兵將眾多且驍勇精銳，會對唐軍造成極大的不利，必定使統一大業受挫。若能儘快消滅竇建德軍，那麼洛陽城就能不攻自下。因此，他們主張在分兵圍困洛陽的同時，由李世民率主力進據虎牢，阻止竇軍西進。

李世民認為有道理，就立即將唐軍一分為二：令李元吉、屈突通諸將繼續圍攻洛陽；自己率精兵三千五百人，立刻向虎牢進軍。到達虎牢的次日，李世民就率領精銳騎兵五百人東行二十里，靠近竇建德軍營偵察情況。他自己與尉遲敬德僅帶數騎人馬，到距竇軍軍營三里的地方有意暴露自己，引誘竇建德追擊。果然，竇建德一看見李世民就立即出動五六千騎兵追擊，哪知李世民早已派遣秦叔寶、程知節等率兵埋伏在道路兩旁。待竇軍騎兵進入埋伏地點後，唐軍突然發起攻擊，殲滅竇軍三百餘人。

此次小戰使李世民瞭解了竇軍的虛實，也使竇軍的鋒芒初受挫傷。竇軍在虎牢東受到阻擊，一個多月不能向西推進。四月三十日，竇軍糧道又被唐軍襲擊，大將軍張青特也被唐軍俘虜，竇軍的處境更為不利，幾次小戰全都失利，士氣開始低落。

此時，竇建德的部將凌敬提出主力應渡過黃河，攻取懷州、河陽，然後翻越太行山，進入上黨地區，迅速攻占汾陽、太原。凌敬指出，這樣做第一如入無人之境，取勝可以萬無一失；第二拓展地盤擴充部隊，增強自己的實力；第三震駭威懾關中，以解洛陽之圍。竇建德原本準備採納凌敬的計策，但竇軍不少部將因受了王世充使者的賄賂，積極主張直接救援洛陽，而王世充又頻繁派遣使臣告急求援，所以凌敬的合理建議沒能實行。

竇建德決定利用唐軍飼料用盡，到河北岸放牧戰馬的機會，襲擊虎牢。李世民獲悉了他的計畫，決定將計就計，遂率領一支部隊過河，南臨廣武觀察竇軍情況，並故意在河灘、草地留下戰馬千餘匹，引誘竇建德軍出戰。第二天，竇軍果然全軍出動，南連鵲山、北依大河，正面陣地寬達二十餘里，在汜水東岸布開戰陣，擺出全力進攻虎牢的架勢。

李世民一方面嚴陣以待，使竇軍無隙可乘；一方面緊急召回留在河北的誘兵，隨時準備出擊。因為他知道竇軍沒有經歷過大戰，現在又進入險境作戰，逼近敵城列開陣勢，有輕視唐軍之意。於是他決定唐軍暫時按兵不動，待竇軍疲憊鬆懈之時再行出擊，以保克敵制勝。

竇建德的確沒把唐軍放在眼裡，只派遣三百騎兵渡過汜水向唐軍挑戰，李世民也派部將王君廓只率長矛兵二百出戰。兩軍往來衝擊交鋒數次，未分勝負，便各自退回本陣。竇軍沿汜水列陣，從清晨到中午，士卒已飢渴疲乏不堪，都坐在了地上，爭著搶水喝，紛紛要求返回軍營，陣形秩序混亂。

李世民察覺到竇軍出現了混亂的跡象，立即派遣宇文士及前去調查，並囑咐他說：「如果竇軍嚴整不動，就立刻撤軍返回陣地。如果陣勢有動搖，就可以引兵繼續向東進軍。」宇文士及得令率領三百騎兵，從竇軍陣前由西向南，進行試探性攻擊，他們一行人馬一來到竇軍陣前，竇軍陣勢立刻出現了動搖。宇文士及看到這個情況，立刻下令全軍出戰，並親自帶騎兵衝殺到最前邊。竇軍根本不是唐軍的對手，很快敗下陣來。

唐軍渡過汜水後，直撲竇建德軍的大本營。竇建德正準備召群臣商議戰事，唐軍驟然而至。群臣紛紛逃向竇建德處躲避，雖然竇建德急忙命令群臣退出，為騎兵讓路，但為時已晚，四散的群臣一時堵塞了通道，致使奉命出營抵抗的戰騎無法通過，唐軍瞬間就衝入了竇軍大本營。

竇建德看唐軍來勢洶洶，想要向東撤退，但唐將竇抗率領部下在後緊追不捨。接著，李世民率領騎兵也衝進了竇軍大營，雙方展開激戰。李世民還命令程知節、秦叔寶、宇文歆等部，迂迴到竇軍後方，對竇軍形成了夾擊之勢。竇軍紛紛四散潰逃，唐軍乘勝追擊三十餘里，竇建德負傷墜馬，被唐軍活捉。竇軍共五萬餘人被俘虜，其餘軍卒大部分潰散。雖然竇建德之妻率數百騎逃回了河北，但元氣大傷，根本無力重振旗鼓，竇建德軍事集團就這樣被消滅。

唐軍取得了虎牢之戰的勝利後，主力回師繼續圍攻洛陽。王世充見竇軍被全殲，在內外交困、走投無路之時，絕望地獻城投降。這一戰使得李唐集團奪取了中原的主要地區，先滅竇建德軍事集團，再滅王世充軍事集團，取得「一舉兩得」的重大勝利，也為李唐統一全國奠定了重要的基礎。

虎牢之戰，是中國古代攻城打援的著名戰例。與竇建德相比，李世民在「處軍」「料敵」方面都棋高一著，因而大獲全勝。竇建德則不善「處軍」，不善「料敵」，從而導致兵潰被俘。可見在行軍作戰中，熟知「處軍」、「料敵」原則的重要性。

〈地形篇〉

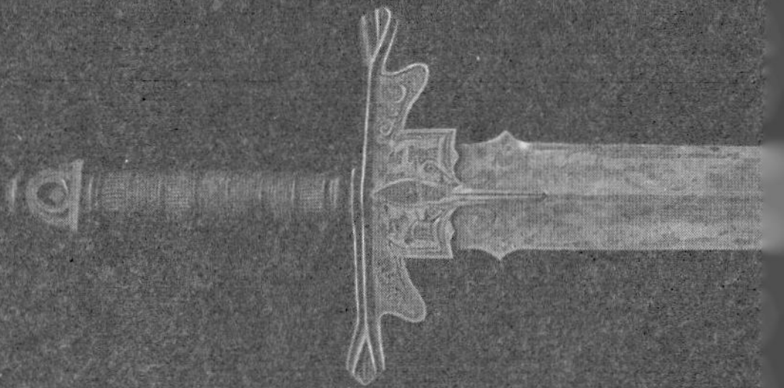

【原典】

孫子曰：地形有通[一]者，有掛[二]者，有支[三]者，有隘[四]者，有險[五]者，有遠[六]者。我可以往，彼可以來，曰通；通形者，先居高陽[七]，利糧道[八]，以戰則利。可以往，難以返，曰掛；掛形者，敵無備，出而勝之；敵若有備，出而不勝，難以返，不利。我出而不利，彼出而不利，曰支；支形者，敵雖利我[九]，我無出也；引而去之，令敵半出而擊之，利[一〇]。隘形者，我先居之，必盈之以待敵[一一]；若敵先居之，盈而勿從，不盈而從之[一二]。險形者，我先居之，必居高陽以待敵；若敵先居之，引而去之，勿從也。遠形者，勢均，難以挑戰[一三]，戰而不利。凡此六者，地之道也[一四]，將之至任[一五]，不可不察也。

故兵有走[一六]者，有弛[一七]者，有陷[一八]者，有崩[一九]者，有亂[二〇]者，有北[二一]者。凡此六者，非天之災，將之過也。夫勢均，以一擊十，曰走[二二]；卒強吏弱，曰弛[二三]；吏強卒弱，曰陷[二四]；大吏怒而不服[二五]，遇敵懟而自戰[二六]，將不知其能，曰崩；將弱不嚴，教道不明，吏卒無常，陳兵縱橫[二七]，曰亂；將不能料敵，以少合眾，以弱擊強，兵無選鋒[二八]，曰北。凡此六者，敗之道也，將之至任，不可不察也。

夫地形者，兵之助[二九]也，料敵制勝，計險厄、遠近[三〇]，上將[三一]之道也。知此而用戰者必勝，不知此而用戰者必敗。故戰道必勝[三二]，主曰無戰，必戰可也[三三]；戰道不勝，主曰必戰，無戰可也。故進不求名[三四]，退不避罪，唯民是保[三五]，而利合於主[三六]，國之寶也。

視卒如嬰兒[三七]，故可與之赴深谿[三八]；視卒如愛子，故可與之俱死。厚而不能使[三九]，愛而不能令[四〇]，亂而不能治[四一]，譬若驕子[四二]，不可用也。

知吾卒之可以擊[四三]，而不知敵之不可擊，勝之半也；知敵之可擊，而不知吾卒之不可以擊，勝之半也；知敵之可擊，知吾卒之可以擊，而不知地形之不可以戰，勝之半也。故知兵者，動而不迷[四四]，舉而不窮[四五]。故曰：知彼知己，勝乃不殆[四六]；知天知地，勝乃不窮[四七]。

【注釋】

一、通：通達。在這裡指的是四通八達、廣闊平坦的地區。

二、掛：懸掛、牽礙。在這裡指的是易進難退、地形複雜的地區。

三、支：支持、支撐。在這裡指的是敵我雙方皆可據險對峙，不易於發動進攻的地區。

四、隘：狹隘。在這裡指的是兩山之間的峽谷地帶。

五、險：危險、險要。在這裡指的是山川險要、行動不便利的地帶。

六、遠：遙遠。在這裡指的是距敵我雙方都較遠的地方。

七、先居高陽：要先占據地勢較高和朝陽的地形。

八、利糧道：有利於糧道，這裡是保持糧道暢通的意思。

九、敵雖利我：敵人用利引誘我軍。

一〇、引而去之，令敵半出而擊之，利：帶領軍隊假裝離開，讓敵人前進到一半的時候我軍再回擊回去，這樣比較有利。

一一、必盈之以待敵：一定要準備充足兵力以等待敵軍的進犯。盈：充滿。這裡指兵力充足。

一二、盈而勿從，不盈而從之：敵軍兵力充足的時候，我軍就不能進攻，敵軍兵力不充足的時候，我軍就應全力進攻。從：跟從。在這裡引申為進攻的意思。

一三、勢均，難以挑戰：如果敵我雙方勢力均等，就不宜挑戰。

一四、地之道也：利用地形的原則。道：方法、原則。

一五、將之至任：將帥的重大責任。

一六、走：奔跑，指士兵逃走。

一七、弛：鬆弛，指士兵軍紀渙散。

一八、陷：陷沒，指全軍覆沒。

一九、崩：潰敗，指士兵崩潰四散。

二〇、亂：混亂，指士兵列隊沒有秩序。

二一、北：敗北，指士兵敗走。

二二、夫勢均，以一擊十，曰走：在敵我雙方形勢相當的情況下（指揮水準、戰鬥力、所處地勢優劣等各項條件），卻以我方一成兵力去攻擊對方十成兵力，必然會造成寡不敵眾的形式，一定要逃跑。這就叫做「走兵」。

二三、卒強吏弱，曰弛：士兵強悍，將領懦弱，致使軍政廢弛，因而失敗的，叫做「弛」。

二四、吏強卒弱，曰陷：將領勇敢，士兵怯弱，致使軍政廢弛，因而失敗的，叫做「陷」。

二五、大吏怒而不服：將領心懷怨怒，不服從上級的調遣。大吏：部隊的將領。

二六、遇敵懟而自戰：遇到敵軍，副將意氣用事不聽主將的調遣，擅自出戰。懟：怨恨，這裡指意氣用事。

二七、陳兵縱橫：布兵列陣雜亂無章。陳：同「陣」。

二八、選鋒：精選出來由勇敢善戰的士兵組成的先頭部隊。

二九、兵之助：用兵的輔助條件。

三〇、計險厄、遠近：計算地形的險要和路途的遠近。險厄：險要的地勢。

三一、上將：智慧謀略高明的將領。

三二、戰道必勝：一切按照用兵的規律來，就一定會取勝。

三三、主曰無戰，必戰可也：君主說不要出戰，指將帥可根據實際情況逕自出兵作戰。

三四、進不求名：領兵進攻不是為了個人的名聲。

三五、唯民是保：只想保全百姓和士兵。

三六、利合於主：符合君主的利益。

三七、視卒如嬰兒：對待士兵如同對待嬰兒一樣，指將領要關愛士兵。

三八、深谿：很深的溪谷。這裡比喻為危險地帶。谿：同「溪」。

三九、厚而不能使：厚待士兵卻不能合理使用他們。

四〇、愛而不能令：溺愛士兵卻不能命令他們。

四一、亂而不能治：士兵行為不法而不能嚴加管束。

四二、驕子：嬌生慣養孩子，比喻對士兵管教不嚴。

四三、知吾卒之可以擊：瞭解自己的士兵可以作戰。

四四、動而不迷：採取軍事行動果斷快速，不迷惑。

四五、舉而不窮：採取隨機應變的措施是無窮無盡的。

四六、殆：失敗。

四七、勝乃不窮：勝利就不可窮盡了。

【譯文】

孫子說：地形有通形、掛形、支形、隘形、險形、遠形六種。我軍可以去、敵軍也可以來的地域，叫通形。通形地域，要先占領地勢高和向陽的地方，有利於保持糧道暢通，這樣對作戰有利。容易前往、不容易返回的地域，叫掛形。掛形地域，如果敵軍沒有防備，我軍一出擊就可以取勝；

如果敵軍有了防備，出擊若不能取勝，不容易返回，那就不利了。不利於我軍前進，也不利於敵軍前進的地域，叫支形。在支形地域，敵軍雖然用利引誘我軍，我軍也不要出擊；應率軍假裝撤退，引誘敵軍前出一半時突然回擊，這樣就會有利。在隘形（兩山之間的狹窄山谷地帶）地域，我軍應該搶先占領，並用重兵封鎖隘口，以等待敵軍的到來；如果敵軍先占領了峽谷，並用重兵把守隘口，就不可以進擊；如果敵軍沒有用充足的兵力把守隘口，我軍就可以去進攻。在險形（地勢險峻、行動不便的地帶）地域，我軍應該搶先占領，一定要占據地勢較高、向陽一面的制高點，等待敵軍來犯；如果敵軍已先期到達，占據了有利地形，我軍就應該主動撤退，千萬不要進攻。在遠形（距離遙遠之地）地域，敵我雙方勢均力敵，不應該挑戰，如果出戰就會造成不利的形勢。以上這六點，是利用地形作戰的法則，是將帥們最重要的責任，不可不作認真考慮。

軍隊有「走」、「弛」、「陷」、「崩」、「亂」、「北」六種情形。這六種情況的發生，不是自然災害造成的，而是將帥造成的。在敵我雙方形勢相當的情況下（指揮水準、戰鬥力、所處地勢優劣等各項條件），卻以我方一成兵力去攻擊對方十成兵力，必然會造成寡不敵眾的形勢，一定要逃跑。這就叫做「走兵」。士兵強悍而軍官怯懦，必然指揮不靈，士氣鬆懈，叫做「弛兵」。軍官強悍而士兵怯懦，必然戰鬥力差，以致全軍陷滅，叫做「陷兵」。高級將領怨怒而不服從主帥指揮，遇到敵軍只憑一腔仇恨而擅自出戰，主帥卻不知道他的能力，必然導致潰敗而土崩瓦解，叫做「崩兵」。將帥怯懦無威嚴，訓練教育士兵沒有章法，致使官兵關係不正常，布陣雜亂無章，部隊混亂不堪，叫做「亂兵」。將帥不能正確判斷敵情，用少數兵力去迎擊敵人重兵，以弱擊強，又沒有精銳的前鋒部隊，必然失敗，叫做「北兵」。以上六種情況，是造成失敗的規律，是將帥們最重要的責任，不可不做認真考慮。

地形，是用兵打仗的輔助條件。判斷敵情，爭取克敵制勝的主動權，考察地形的險易，計算路程的遠近，這些都是高明的優秀將帥必須掌握的基本方法。懂得這些方法去指揮打仗，就必然勝利，不懂得這些方法而去指揮打仗，就一定失敗。所以，按戰爭規律分析，一定會打勝仗，國君說不要作戰，一定要打的話也是可以的；按戰爭規律分析，一定失敗的仗，即使國君說一定要作戰，也可以不打。將帥進攻不是為了求得個人名利，撤退不迴避違命的罪責，唯一的追求是保護黎民百姓，而且要有利於國君的利益，這樣的將帥是國家的寶貴財富。

對待士兵就像對待嬰兒一樣，士兵就可以與將帥一起共赴患難；對待士兵就像對待兒子一樣，士兵就可以與將帥一起同生共死。如果厚待士兵而不使用他們，愛護士兵而不用法令約束他們，士兵違法亂紀而不去懲治他們，那麼士兵像嬌慣的孩子一樣，是不能用的。

知道自己的軍隊可以進攻，卻不知道敵人不可以攻打，獲勝的可能只有一半；知道敵軍可以攻打，卻不知道自己的軍隊不能進攻，勝利的可能也只有一半；知道敵人可以攻打，也知道自己的軍隊可以去攻打，但不瞭解地形條件不宜於向敵軍發起攻擊，勝利的可能同樣只有一半。因此，真正懂得用兵的將帥，行動起來不會迷惑，戰術措施變化無窮。所以說：知對方的情況和自己的情況，取勝就不會有問題；知道天時和地利，那麼就可以取得完全的勝利了。

【名家注解】

東漢・曹操：「欲戰，審地形以立勝也。」

唐・李筌：「軍出之後，必有地形變動。」

宋・王晳：「地利當周知險、隘、支、掛之形也。」

宋・張預：「凡軍有所行，先五十里內山川形勢，使軍士伺其伏兵，將乃自行視地之勢，因而圖之，知其險易。故行師越境，審地形而立勝。故次〈行軍〉。」

【解讀】

在戰前的籌算謀劃中，地形是「經之以五事」，是比較、分析從而瞭解敵我雙方情況的內容之一；在兩軍相對而爭利之時，「不知山林、險阻、沮澤之形者，不能行軍」（〈軍爭篇〉），地形成為衡量將帥能否勝任的標準之一，如何先敵占領優勢地形、造成有利態勢，是至關重要的問題；在敵我雙方戰場廝殺，兵刃相加時，地形往往成為決定戰略戰術的主要依靠，「用兵八戒」之「九變之地利」（〈九變篇〉），「高陵勿向，背丘勿逆」（〈軍爭篇〉）等，都強調根據地形之利弊變換作戰方法；地形是「處軍」的主要依據，也是「相敵」（〈行軍篇〉）的重要方面。現在又專列〈地形篇〉而主要論述如何善於利用地形之利，以克敵制勝；緊隨其後又有〈九地篇〉從戰略高度審視各種地形的特點，反覆強調根據不同地形制定相應的作戰原則和戰術方法的基本思想。孫子在不同的地方反反覆覆提及地形，由此可見其對地形的重視。

當然，孫子不是「唯條件論者」，他沒有把地形無限抬高到是決定戰爭勝負的唯一因素。「知地之形」、「用地之利」、「得地之利」，是孫子反覆強調的重要思想。「地形者，兵之助也」，在孫子看來，地形只是用兵打仗的輔助條件，它有助於戰爭的成敗，卻絕不能直接決定敵我的勝負。孫子極力主張的是要充分利用地形之利弊，努力造成有利於我軍而不利於敵軍的局勢，從而克敵制勝。

統帥全軍、指揮作戰的將帥的好壞比地形的好壞更為重要，地形是「兵之助」，將帥則是「兵之主」。孫子在「十三篇」中時刻都在強調將帥的重要性，「民之司命，國家安危之主」（〈計篇〉），「將者，國之輔也」（〈謀攻篇〉）。他無處不在對將帥提出各式各樣、盡善盡美的要求和標準，「善用兵者」是使用頻率極高的詞語。在論述到地形的時候，孫子不僅強調將帥應如何正確認識、使用地形來處置軍隊、選擇戰術，充分發揮地形之利而獲得戰爭勝利，而且往往特意指出優秀的將帥應該具備的基本品格和素質，反覆論述「將之五德」，告誡將帥警惕和預防錯誤的發生，如「將之五危」（〈九變篇〉），並提出了「令之以文，齊之以武」「素行教民」（〈行軍篇〉），愛卒如子但絕不溺愛（〈地形篇〉）和「君命有所不受」（〈九變篇〉）等為將帥的準則和規範。

孫子論及對將帥的重視以及對優秀將帥的要求，所占的篇幅也相當大，論述極為詳盡，但是孫子並沒有專門列出《將帥篇》，這到底是孫子的失誤，還是孫子的有意安排已經無從考證。如果我們把「十三篇」裡講將帥的相應段落集中起來，取名《將帥篇》，恐怕比現存「十三篇」中任何一篇的分量都要重，篇幅都要長，所以我們可以說，「十三篇」處處言將帥，其實就是一部「將帥論」。當然，將帥的作用是要建立在「用兵趁卒」基礎上的，相比之下，孫子對士兵在戰爭中的主觀能動性和重要作用，沒有給予相應的重視。但需要明確指出的是，孫子在特定的歷史條件下受各種因素的制約，有這樣的局限性是有其必然性的。

孫子將戰爭中經常遇到的地形做了總結，分為六種類型——通、掛、支、隘、險、遠，並根據地形的不同組合和在戰爭中的作用，將地形與敵情、我情融為一體，進行綜合研究，提出了相應的戰術原則。此外，孫子還列舉並論述了導致戰爭失敗的六種情況——走（敗逃）、弛（鬆弛）、陷（戰鬥力弱）、崩（崩潰）、亂（混亂）、北（敗北），特別強調這些敗跡的出現「非天之災，將之過也」。

從「地形者，兵之助」的觀點出發，孫子要求將帥們把研究、分析、利用地形克敵制勝，作為自己的重大職責（「地之道也，將之至任，不可不察也」）。在「兵有六敗」裡，孫子又說失敗不能怨天、不能怨地，而是由於將帥指揮錯誤造成的。對於「敗之道」，將帥應當做「至任」，認真分析考察，並切記不可犯類似的錯誤，可見將帥在戰爭中有著關鍵的決定性作用，更加表現出將帥作用在孫子心目中的位置。

孫子強調將帥要掌握「地之道」、「敗之道」、「上將之道」，因為將帥的水準如何和戰爭的勝敗有直接的關係，所以還專門論述了將帥素質的幾個重要方面。首先，依託地形判斷敵情，決定戰略戰術，「料敵制勝，計險厄、遠近」；其次，遵循戰爭的自身規律與戰場上的實際情況，決定是否用兵「戰道」、「唯民是保」，而不是從「求名」、「避罪」出發，唯君命而從，這樣的將帥才是「國之寶也」；再次，愛卒如子，但絕不溺愛，賞罰分明、寬嚴結合，與士兵建立起真摯的情感，做到共患難、共死生，使軍隊有強大的戰鬥力；最後，孫子說要綜合天時、地利、人和等因素，清醒處置，變化戰術，才能瞭解敵我雙方的情況，獲取全勝。

在「知己知彼」的同時，孫子還特別加上了「知天知地」一條，只有盡知一切與戰爭有關的情況，才能有效地用己之長擊敵之短，用地之利避地之害，避免「敗兵之道」而依「戰道必勝」，於是「勝乃不窮」。

本篇最後提出的「知彼知己，勝乃不殆；知天知地，勝乃不窮」，是一個非常重要的軍事原則，是對全勝思想的進一步闡述。

【案例】

軍事篇：徐達靈活用兵

「故知兵者，動而不迷，舉而不窮」，因為軍情永遠處於變化之中，所以指揮戰爭，本無常規，千變萬化，敵才莫能知。在變換戰術時，要抱著取得最後勝利為目的的心態。因為靈活作戰本身不是目的，而只是達到勝利的手段。消滅敵人的武裝力量，取得勝利，才是戰爭的目的。徐達北上滅元之戰，是中國古代戰爭史上巧妙運用戰法的典型戰例，戰法多變是這次戰爭的精彩體現。

西元一三六七年，朱元璋提出了先取山東，再取河南，然後進兵元都，再揮軍西向，攻下太原以及關隴的戰略決策，於是征討大將軍徐達和副將常遇春按照這個戰略決策，先行率軍，沿淮河、運河、黃河北上進取山東、河南等地。當時元軍在山東分為東平、東昌、洛寧、益都、濟南、般陽等路，雖然各路兵力較弱，戰備鬆弛，但據有山東，卻可屏障元朝的京畿重地。面對徐達和常遇春的大軍壓境，山東東西道宣撫使普顏不花坐鎮益都指揮。

益都向為兵家必爭之要地，居於魯山之北，南有大峴山，古稱濟水以南之天險，又有沂州南連淮泗，北通青齊。益都之西，有南依泰山、北臨黃河的濟南為門戶。

朱軍想要攻取山東，有兩條進軍的路線：第一條是從江淮北經沂州直取益都，第二條是由徐州北攻濟寧、濟南，再東取益都。徐達覺得沂州守將王宣可以爭取過來，為我所用，於是就率主力由沂州北進，發小股兵力出徐州，一方面掩護主力的翼側，一方面消滅魯西南之敵。

西元一三六七年臘月二十四，徐達、常遇春率軍由淮安北上，沂州王宣、王信父子兩人果然投降，但隨後又復叛。為攻克沂州，徐達只好率軍與元軍強硬相碰，最後朱軍取得勝利，王宣、王信父子兩人也被朱軍殺掉。之後徐達又攻下嶧州，莒、密、海等諸州縣相繼歸降。徐達即令韓政率兵一部扼守黃河要衝，阻敵增援，令張興祖率兵一部由徐州沿大運河攻取東平、濟寧，自率主力繼續北進。因為戰事順利，臘月廿九，徐達軍就攻到了益都，元宣撫使普顏不花雖奮力抗戰，可是不敵朱軍，最後戰死。

朱軍乘勝又攻占了壽光、臨淄、昌樂、高苑等地。十二月八日攻占濟南。二十二日至二十四日攻占登州、萊陽等州縣。與此同時，十二月五日至八日，張興祖部也連下東平、東阿、濟寧等地。至此朱軍已完成了北取中原第一個目標——奪取山東。朱軍僅用三個月的時間就完成了這第一個目標，掃除了元大都的屏障。

元朝廷看到這一切甚為恐懼，但此時王保保也在同元廷火拼，雙方互不相讓，即使朱軍如此一路順風順水地打下來，元軍還是無暇顧及朱軍。

西元一三六八年二月，徐達按原定計畫，開始執行翦除元大都羽翼的作戰任務——旋師河南。徐達率主力由山東濟寧溯黃河西攻汴梁，進取河南。

三月二十六日，鄧愈率襄陽、安陸、江陵各地的駐軍向南陽進攻，配合徐達軍的行動。另一隊人馬也為了策應徐達奪取汴梁，攻占永城、歸德，西攻許昌。

鄧軍的進攻很順利，很快攻占了唐州及南陽等地。由於三方兵馬配合良好，三月二十九日，徐達軍順利迫降汴梁元軍左君弼部，元將李克彝率部乘夜西逃。四月八日，徐達軍自虎牢西進，攻打洛水北塔兒灣，此處由王保保之弟脫因帖木兒鎮守，而當時王保保在山西太原，相隔甚遠，無法給弟弟派去援兵，因此徐達軍又不費力氣地打敗了脫因帖木兒的五萬人馬，元梁王阿魯溫投降。徐軍攻占洛陽後，接著又攻取嵩、陝、陳、汝諸州，並派馮國勝攻取潼關。元將李思齊、張思道聞風棄潼關逃入關中。四月二十六日，馮國勝率兵進駐潼關，並西進占領了華州，至此潼關以東已全被朱軍拿下。五月一日，徐達又增兵扼守潼關，此時的元大都已處於四面楚歌的絕境。

七月二十九日，徐達命益都、徐州、濟寧各地的統兵將領，各率所部向東昌集結，並分別渡河。之後徐達師出汴梁，自中灤渡黃河，連下衛輝、彰德、磁州、邯鄲，十一日轉向臨清。臨清地處衛河入運河之口，為北上船隻的集結處，徐達在此會合山東各軍，完成水陸進軍的準備後，於十五日由臨清北上。二十三日，朱軍已在攻取德州、長蘆後進抵直沽，控制出海口，並沿北運河分水陸兩路繼續推進。二十五日，朱軍大敗元軍於河西務。兩天後，朱軍直逼元大都。

元大都地處雄要，北倚山險，南壓區夏，東西千里，險峻相連，本來易守難攻，但當時元朝氣數將近，民生喪亂，守備多不固，元順帝也沒有率兵勉力抵抗，西元一三六八年八月二日，徐達率軍自東面齊化門進入大都，元朝宣告滅亡。

朱軍一共用了九個多月的時間，就完成了北上滅元的作戰任務。究其原因，主要在於徐達用兵持重，注意軍紀，不僅能夠忠實地貫徹朱元璋的戰略意圖，在指揮上也能因敵制勝、戰法多變。因事、因人、因時、因地，採取靈活機動的戰術，在不同的情況下採取分進合擊、鉗形攻擊、批亢搗虛等戰法，徹底消滅了元朝，奪取了最後的勝利。

商業篇：金融巨頭之路

孫子在本篇提出「地之道也，將之至任，不可不察也」，其實，做任何事情都要充分考慮地理環境、居民狀況，果敢把握時機，迅速作出決策，就可以不跟在別人後面而走出一條新的路來。

阿馬迪奧·賈尼尼是全美國第一大銀行的總經理，他經過整整半個世紀的努力奮鬥，才登上了這個寶座。他作為美國的金融巨頭，對美國在兩次世界大戰期間經濟的飛速發展影響巨大，同時也為加利福尼亞州的發展作出了巨大貢獻。

十九世紀，正值美國的淘金熱時期，賈尼尼的父母親從義大利移民來到美國舊金山。賈尼尼二十二歲的時候娶了羅拉琳達，她是當地一個富商的女兒。這個富商，也就是賈尼尼的岳父，也是個義大利移民，是當地一家叫做哥倫布儲蓄暨貸款銀行的創始人，這是一家類似信用社的小銀行。合夥人叫夫坎西，也是義大利移民，這人在義大利人中具有很高的聲望。賈尼尼的岳父擁有約五十萬美元的銀行股份和不動產。

賈尼尼結婚十年後岳父去世了，三十二歲的賈尼尼代管遺產。他將自己當時在舊金山的中間商經營權轉賣給他人，轉而開始經營不動產。他憑著岳父留下的股份，進入哥倫布銀行董事會當了董事。由於和夫坎西在經營上意見不合，賈尼尼遭到排擠。於是他決心按照自己的想法，開一家屬於自己一個人的銀行。

當時正趕上大量外國資本湧入舊金山，導致當地的美資銀行與外資銀行相互對峙。無論美資銀行還是外資銀行，不是從事投機就是目光盯著大企業，沒有一家想到小本經營的貧苦農民，因此目光敏銳的賈尼尼決定，他開的銀行要以這些農民作為貸款對象。

賈尼尼從哥倫布銀行辭職後便開設了義大利銀行，當時賈尼尼從哥倫布銀行挖走了五名高級職員，後來又邀請了四位朋友，商定大家合股開辦銀行。按照賈尼尼的想法，新創辦的銀行不設大股東，董事每人認一百股為限，占總股份的三三％；其餘六七％在普通民眾中募股，以義大利移民為主要對象，這些人包括魚舖、菜攤、麵包店、餐館、藥店、理髮店、油漆店的老闆和農民。

合夥人開始都不太理解這種離經叛道的想法，但賈尼尼回答說，只有這樣才能迅速擴大銀行在民眾中的影響，開拓一片新的領域。事實證明，賈尼尼是對的，正是由於他的這種過人的經營思路，義大利銀行最終成為美國第一大銀行，得以從很低的起點上飛快地崛起。

一九〇六年四月十八日上午，舊金山發生了舉世震驚的大地震。州政府發布了銀行封鎖令，地下金庫的建築受到損傷，處於動彈不得的狀態。損失慘重的商人們更是心急如焚，他們強烈呼籲銀行趕快開門營業，因為重建家園需要貸款。但是，沒有一家銀行敢這麼做。

賈尼尼在這關鍵的時刻做出了一個大膽的決定，他要為這些商人們雪中送炭，決定讓銀行在露天開業。露天銀行設在他弟弟亞特里奧行醫的診所門口。在下屬佩德里尼和兩個出納的協助下，賈尼尼搬來兩個酒桶，並在上面橫放一塊門板，就在路邊開始營業了。

雖然當時賈尼尼手頭僅有八萬美元現金，並不能滿足聞訊前來貸款的人的全部需要，卻多少能幫助他們解決燃眉之急。那些存摺在火災中被燒掉的人，可以從他這裡取得信用貸款；持有其他銀行存摺的，也同樣可以到這裡來貸款；即使是什麼憑證都沒有的，只要有個正當職業，能拿出信用證明，賈尼尼也把款貸給他。讓賈尼尼大出意外的是，露天銀行開業的消息一傳開，來存款的人竟比來貸款的人還多。鑑於地震的教訓，人們發現，錢放在床底下或箱子裡不如存到賈尼尼的銀行裡可靠。此外，許多非義大利裔的移民也把錢存到他這裡來，義大利銀行顧客的範圍大大地擴大了，信譽和影響也如日中天。到這一年年底，賈尼尼的銀行存款總額已超過了一百三十萬美元；而貸款總額則達到一百四十萬美元。股東們分到五%的紅利，更是對賈尼尼感激不已。此後，賈尼尼又實行擴大銀行資產的措施，使資產總額增至二百萬美元。舊金山大地震讓賈尼尼因禍得福，使義大利銀行成為一個獨當一面的商業銀行。

隨著事業的做大，賈尼尼發現，只有建立起自己的銀行網，才能在市場危機的衝擊下立於不敗之地。於是，他開始逐步收購、兼併一些經營不善的地方銀行。義大利聖諾耶的一家高利貸銀行是第一個被他兼併的銀行。在之後的兩年時間裡，賈尼尼又收購了舊金山機械銀行和舊金山銀行，將它們合併為義大利銀行市場街分行。隨後，又成功地收購了聖瑪提歐銀行。這樣，賈尼尼已初步建立起了他的銀行體系。

當然這離賈尼尼最終的目的還很遠，在從歐洲旅行歸來的途中，他對妻子立下豪言壯語：「我要先在加州擴大義大利銀行的分行網，要像蜘蛛網一樣。然後，再伸展到紐約、美國、全世界。」他的最終目的是在全美國以至全世界都設立分行。

一九一三年，賈尼尼買下了即將破產的派克銀行，改名為義大利銀行洛杉磯第一分行。正當他計畫要買下另一家即將破產的聯合銀行時，卻遭到當地一些銀行的反對。當地報紙打出了「打擊義大利的侵略」這樣的標題。面對這樣的情況，賈尼尼採取了反擊行動，立刻打出廣告進行反擊：「貧窮的義大利借錢給貧窮的小市民和勞工。義大利是貧窮人之友。」「買自己的房子吧！租房子等於把錢丟進水溝裡。請到五號街希爾道的派克銀行來，六％的低息，誰都能貸到買房子的錢！」

廣告刊出後市民反應非常強烈。派克銀行門口前來貸款者排起了長隊，也讓賈尼尼再一次獲得了勝利。

賈尼尼於一九二七年開始進攻華爾街，此時的義大利銀行總資產已超過二億美元，成了控股公司。賈尼尼先後收購了屬於華爾街的布魯克林商業交換銀行和華爾街中級投資公司——安索尼・歐色商行。緊接著，又收購了舊金山的自由銀行和洛杉磯的商業銀行。最終義大利銀行以總資產最多而登上全美第一銀行的寶座，賈尼尼完成了自己的人生理想，成為金融巨頭。

賈尼尼做任何決策前都善於分析當時的地理、居民情況，目光敏銳，眼力獨到，果敢地實施自己的計畫，終於如願以償。這與孫子在兵法中提到的「上將之道」完全符合。

〈九地篇〉

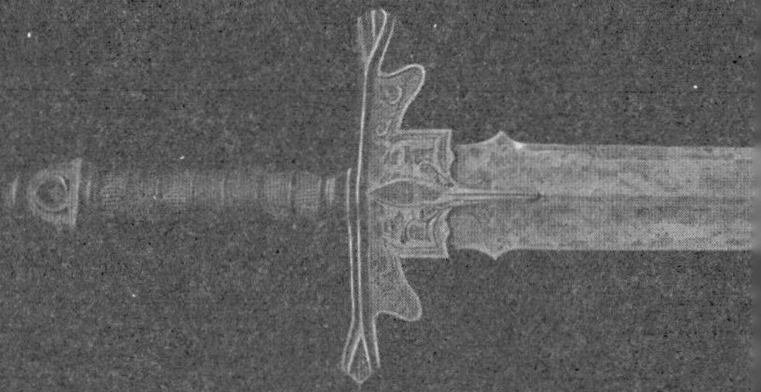

【原典】

孫子曰：用兵之法，有散地[一]，有輕地[二]，有爭地[三]，有交地[四]，有衢地[五]，有重地[六]，有圮地[七]，有圍地[八]，有死地[九]。

諸侯自戰其地，為散地。入人之地而不深者，為輕地。我得則利，彼得亦利者，為爭地。我可以往，彼可以來者，為交地。諸侯之地三屬[一〇]，先至而得天下之眾者，為衢地。入人之地深，背城邑多者，為重地。行山林、險阻、沮澤，凡難行之道者，為圮地。所由入者隘，所從歸者迂，彼寡可以擊吾之眾者，為圍地。疾戰則存，不疾戰則亡者，為死地。是故散地則無戰，輕地則無止[一一]，爭地則無攻[一二]，交地則無絕[一三]，衢地則合交[一四]，重地則掠[一五]，圮地則行，圍地則謀，死地則戰[一六]。

所謂古之善用兵者，能使敵人前後不相及[一七]，眾寡不相恃[一八]，貴賤不相救[一九]，上下不相收[二〇]，卒離而不集[二一]，兵合而不齊[二二]。合於利而動，不合於利而止。敢問：「敵眾整而將來[二三]，待之若何？」曰：「先奪其所愛[二四]，則聽[二五]矣。」兵之情主速[二六]，乘人之不及[二七]，由不虞之道[二八]，攻其所不戒[二九]也。

凡為客之道[三〇]，深入則專，主人不克[三一]；掠於饒野[三二]，三軍足食；謹養而勿勞[三三]，併氣積力[三四]；運兵計謀，為不可測[三五]。投之無所往，死且不北[三六]；死焉不得，士人盡力[三七]。兵士甚陷則不懼[三八]，無所往則固[三九]，深入則拘[四〇]，不得已則鬥。是故，其兵不修而戒[四一]，不求而得，不約而親[四二]，不令而信，禁祥去疑[四三]，至死無所之[四四]。吾士無餘財，非惡貨也[四五]；無餘命，非惡壽也[四六]。令發之日，士卒坐者涕沾襟[四七]，偃臥者涕交頤[四八]。投之無所往者，諸、劌[四九]之勇也。

故善用兵者，譬如率然[五〇]。率然者，常山[五一]之蛇也，擊其首則尾至，擊其尾則首至，擊其中則首尾俱至。敢問：「兵可使如率然乎？」曰：「可。」夫吳人與越人相惡也[五二]，當其同舟而濟，遇風，其相救也如左右手。是故方馬埋輪，未足恃也[五三]；齊勇若一，政之道也[五四]；剛柔皆得，地之理也[五五]。故善用兵者，攜手若使一人[五六]，不得已也。

將軍之事，靜以幽[五七]，正以治[五八]。能愚士卒之耳目，使之無知[五九]；易其事，革其謀，使人無識[六〇]；易其居，迂其途，使人不得慮[六一]。帥與之期，如登高而去其梯[六二]；帥與之深入諸侯之地，而發其機[六三]，焚舟破釜[六四]，若驅群羊，驅而往，驅而來，莫知所之。聚三軍之眾，投之於險，此謂將軍之事也。九地之變，屈伸之利[六五]，人情之理，不可不察。

凡為客之道，深則專，淺則散[六六]。去國越境而師者，絕地也[六七]；四達者，衢地也；入深者，重地也；入淺者，輕地也；背固前隘者，圍地也[六八]；無所往者，死地也。是故散地，吾將一其志[六九]；輕地，吾將使之屬[七〇]；爭地，吾將趨其後[七一]；交地，吾將謹其守；衢地，吾將固其結[七二]；重地，吾將繼其食[七三]；圮地，吾將進其途[七四]；圍地，吾將塞其闕[七五]；死地，吾將示之以不活。故兵之情：圍則禦，不得已則鬥，過則從[七六]。

是故不知諸侯之謀者，不能預交[七七]；不知山林、險阻、沮澤之形者，不能行軍；不用鄉導者，不能得地利。四五者不知一[七八]，非霸王之兵[七九]也。夫霸王之兵，伐大國，則其眾不得聚[八〇]；威加於敵，則其交不得合[八一]。是故不爭天下之交[八二]，不養天下之權[八三]，信己之私[八四]，威加於敵，故其城可拔，其國可隳[八五]。施無法之賞[八六]，懸無政之令[八七]，犯三軍之眾[八八]，若使一人。犯之以事，勿告以言[八九]；犯之以利，勿告以害[九〇]。投之亡地然後存，陷之死地然後生[九一]。夫眾陷於害，然後能為勝敗[九二]。故為兵之事，在於詳順敵之意[九三]，併敵一向[九四]，千里殺將。是謂巧能成事者也。

是故政舉之日[九五]，夷關折符[九六]，無通其使[九七]，厲於廊廟之上，以誅其事[九八]，敵人開闔，必亟入之[九九]，先其所愛[一〇〇]，微與之期[一〇一]，踐墨隨敵[一〇二]，以決戰事。是故始如處女[一〇三]，敵人開戶[一〇四]，後如脫兔[一〇五]，敵不及拒[一〇六]。

【注釋】

一、散地：指軍隊在自己的國家與敵人作戰的地域。因為士兵們離家很近，所以危急的時候就很容易四處逃散，所以稱之為「散地」。

二、輕地：指軍隊進入敵國不深的地域。因為士兵們離本國國土不遠，危急的時候可以輕易撤退，所以稱之為「輕地」。

三、爭地：敵我雙方都會爭奪的地域。因為有的地域是以誰先占領就對誰有利的軍事要地，雙方必會爭搶，所以稱之為「爭地」。

四、交地：我軍可以往，敵軍可以來，地勢平坦，四通八達的地域。

五、衢地：毗鄰幾個諸侯國，與各國結交方便，可以隨時得到援助的地域。

六、重地：進入敵國很深，穿越很多敵國城邑，回頭路一斷，很難以返還本國的地域。

七、圮地：難於通行的地域。

八、圍地：進路狹窄，退路迂遠，敵軍不需要費太大力氣就可以襲擊我軍的地域。

九、死地：進進不得，退退不得，進退兩難，唯有決一死戰，殺出重圍才有生存的可能，如果將戰事拖延數日，就必死無疑的地域，所以稱之為「死地」。

一〇、三屬：多國交界的地區。三：是一種泛指，表示眾多國家。屬：連接。

一一、無止：不要停留。

一二、爭地則無攻：如果敵人已經占據了雙方必爭之地，那麼我方就不要強行攻取。

一三、交地則無絕：在交地，隊伍應互相策應，不可斷絕，以防敵人截擊。

一四、衢地則合交：在衢地作戰要加強外交活動，結交諸侯，陷敵於孤立。

一五、重地則掠：在重地作戰則掠奪敵國資糧，保障我軍的供給。

一六、死地則戰：在死地作戰，就應激勵士卒血戰到底，死中求生。

一七、前後不相及：讓敵軍的前軍和後軍不能配合，無法互相策應。及：顧及，策應。

一八、眾寡不相恃：讓敵軍的大部隊和小分隊之間不能協同配合。

一九、貴賤不相救：讓敵軍的官兵之間不能互相援助、救應。貴賤：這裡指將官和士卒。

二〇、上下不相收：讓敵軍的上級和下級不相互聯繫，也就是軍隊的建制被打亂，上下之間失去聯繫。

二一、卒離而不集：讓敵軍的士兵分散，不可集中。離：分散。

二二、兵合而不齊：士兵就算集合起來，也不能統一行動。合：集合。齊：整齊。

二三、敵眾整而將來：敵軍人數眾多，隊形嚴整，將要來進攻。眾：人數眾多。整：嚴整。

二四、奪其所愛：剝奪敵人最重要的東西。

二五、聽：在這裡是使動用法，使敵人聽任我方的擺布。

二六、兵之情主速：運用兵法的情理主要是在速度，也就是我們所說的兵貴神速的意思。

二七、乘人之不及：趁敵人來不及的時候。乘：同「趁」。不及：措手不及。

二八、由不虞之道：通過敵人料想不到的道路。虞：預料。

二九、戒：警戒，提防。

三〇、為客之道：我軍進入敵國作戰要注意的作戰規律。客：進入敵國作戰的軍隊。

三一、深入則專，主人不克：深入敵國的軍隊，往往軍心一致，拼命作戰，敵軍就會抵禦不住。專：齊心協力。主人：被進攻的國家。克：戰勝。

三二、掠於饒野：要掠奪敵國富饒原野上的莊稼（用於軍隊補給）。

三三、謹養而勿勞：部署好軍隊的養練休整，不要讓部隊過於疲勞。

三四、併氣積力：提高士氣，積蓄力量。併：合併，在這裡是鼓舞的意思。

三五、為不可測：讓自己不可被敵軍揣測。

三六、投之無所往，死且不北：把部隊放置在無路可走的境地，就算是死，也不後退。投：投放、投置。

三七、死焉不得，士人盡力：士兵們連死都不怕了，必然會拼死作戰。

三八、甚陷則不懼：士兵們深陷於危難之中，反而會變得無所畏懼。

三九、無所往則固：軍隊無路可走時，反而軍心穩固。固：牢固，這裡指軍心。

四〇、深入則拘：軍隊深入敵境，軍心團結，不會散漫。拘：束縛，這裡指人心專一。

四一、不修而戒：士兵們不用整頓而自發戒備。修：整頓、告誡。

四二、不約而親：士兵們不待約束而能自發親愛互助。

四三、禁祥去疑：禁止迷信和議論謠言，免除士兵們的疑惑。祥：妖祥，這裡指占卜等迷信活動。

四四、至死無所之：士兵們就算死也不會逃跑。

四五、無餘財，非惡貨也：士兵們沒有多餘的財物，並非因為不喜歡擁有財物。惡：討厭、厭惡。

四六、無餘命，非惡壽也：並不是士兵們不想活下去，而是身陷死地，不得不捨命以求生。

四七、涕沾襟：眼淚沾濕了衣襟。涕：眼淚。襟：衣襟。

四八、偃臥者涕交頤：仰臥在地的士兵們則淚流滿面。偃：仰倒。頤：面頰。

四九、諸、劌：這兩個均為人名。諸指專諸，春秋時吳國的勇士。劌指曹劌，春秋時魯國的勇士。

五〇、率然：古代傳說中的一種蛇。《神異經・西荒經》：「西方山中有蛇，頭尾差大，有色五彩。人物觸之者，中頭則尾至，中尾則頭至，中腰則頭尾並至，名曰率然。」

五一、常山：恆山。漢簡《孫子兵法》中作「恆山」。西漢時因避諱漢文帝劉恆的「恆」字而改為常山。

五二、吳人與越人相惡：吳國人和越國人相互厭惡。指春秋時期吳越爭霸，引起兩國人民的相互仇恨。惡：仇恨。

五三、方馬埋輪，未足恃也：把馬並排地繫在一起，把車輪埋起來的方法穩定軍心，是靠不住的。方：繫在一起。輪：車輪。

五四、齊勇若一，政之道也：想要讓士兵們齊心協力，奮勇作戰，主要靠軍政嚴明，也就是要治軍有方。齊：齊心協力。政：這裡是治理、領導的意思。

五五、剛柔皆得，地之理也：無論強者和弱者都能充分發揮戰鬥力，是因為適當利用地形的緣故。

五六、攜手若使一人：全軍上下團結的就像一個人。形容軍隊雖然人數眾多，但英明的將帥能使得他們團結如一人。

五七、靜以幽：沉靜而深邃。靜：沉靜。幽：深邃。

五八、正以治：治理軍隊嚴明公正而有條不紊。正：公正。治：有條理。

五九、能愚士卒之耳目，使之無知：蒙蔽士兵們的耳目，不讓他們瞭解軍情。愚：蒙蔽。

六〇、易其事，革其謀，使人無識：變更過去曾經做過的事，變換曾經用過的計謀，使對方無法識破。形容戰法經常變化，讓對方把握不到我軍的節奏。易：改變，變化。革：變更。

六一、易其居，迂其途，使人不得慮：變換駐防，迂迴行軍，使人料想不到。居：軍隊的駐地。不得慮：料想不到。

六二、帥與之期，如登高而去其梯：統帥分派部屬戰鬥任務，要像叫人登高後抽去梯子那樣，斷絕其退路，使之勇往直前。帥：軍隊的統帥。之：代詞，指軍隊。期：部署戰鬥任務。

六三、發其機：抓住戰機，發動攻勢。機：弩之扳機。

六四、焚舟破釜：燒毀來時乘坐的船隻，毀壞煮飯使用的飯鍋。表示決一死戰的決心。

六五、九地之變，屈伸之利：靈活運用九地的作戰原則，讓軍隊在該前進的時候可以順利前進，在該後退的時候可以順利後退。伸：伸展。屈：不伸展。伸屈在本文中用來指軍隊的前進和後退。

六六、為客之道，深則專，淺則散：在敵國境內作戰的原則是，深入那麼軍心就穩固，淺進那麼軍心就容易渙散。

六七、去國越境而師者，絕地也：離開本國，跨越鄰國，進入敵國作戰的地區，叫做「絕地」。

六八、背固前隘者，圍地也：背後險固，前路狹隘，這種易被包圍的地域叫「圍地」。

六九、一其志：士兵們的意志統一。

七〇、使之屬：使軍隊要緊緊連接，避免中斷。

七一、趨其後：催促後續部隊急速跟進。

七二、固其結：鞏固原來與諸侯國的結盟。結：指結交諸侯。

七三、繼其食：獲取糧食，補充軍糧，保障軍隊供給。

七四、進其途：迅速通過，不要停留。

七五、塞其闕：堵塞缺口，這裡指阻斷後路讓士兵們不得不拼死作戰。闕：缺口。

七六、過則從：士兵們深陷險境，就容易服從指揮。

七七、不知諸侯之謀者，不能預交：不瞭解諸侯的謀略，就不能預先結交。

七八、四五者不知一：這九種地形，有一樣不瞭解的。「九地」中四為主兵，五為客兵，這裡是將九地分開來說。

七九、非霸王之兵：就不能成為稱霸的軍隊。

八〇、其眾不得聚：這裡指敵國軍隊來不及調動和集結。聚：集結軍隊。

八一、威加於敵，則其交不得合：如果我軍的軍威在敵軍之上，那麼他國就會懼怕我軍的威嚴，就不敢與我的敵國結交。

八二、不爭天下之交：不必爭著和其他國家結交。

八三、不養天下之權：不必在別的諸侯國培植自己的勢力。養：培養，培植。權：勢力。

八四、信己之私：依靠自己的力量，謀求發展。信：依靠。私：自己的力量。

八五、隳（音同輝）：通「毀」，毀壞，毀滅。

八六、施無法之賞：施行超出法定的獎賞，也就是破格獎賞。無法：超出慣例、超出常法。

八七、懸無政之令：頒發打破常規的號令。懸：懸掛，這裡指頒發。

八八、犯三軍之眾：指揮三軍士兵們執行任務。犯：發作，發生，在這裡引申為指揮。

八九、勿告以言：不要告訴士兵們真實的意圖。

九〇、犯之以利，勿告以害：讓士兵們完成某項任務的時候，只告訴他們有利的條件，不告訴他們危險的一面，使其信心堅定。

九一、投之亡地然後存，陷之死地然後生：置士兵們於危亡之地，然後可以存活；陷士兵們於絕地，然後可以得生。

九二、夫眾陷於害，然後能為勝敗：軍隊陷入危險的境地時，才能全力爭取勝利。

九三、詳順敵之意：指假裝順從敵人的企圖。詳：通「佯」，假裝。

九四、併敵一向：集中優勢兵力進攻敵人的一點。

九五、政舉之日：舉兵出征的日子。

九六、夷關折符：封鎖關口，廢除通行憑證。夷：封鎖。符：古時一種作為憑證的牌子，也就是我們現在所說的通行證。

九七、無通其使：不與敵國互派使者訪問。使：使者。

九八、厲於廊廟之上，以誅其事：在廟堂上反覆計議，以決定戰爭大事。厲：磨礪，這裡是反覆推敲的意思。廊廟：廟堂。誅：謀劃，研究。

九九、敵人開闔，必亟入之：當敵人出現可乘之機時，一定要抓住時機乘虛而入。闔：門扇。開闔，打開門扇，在這裡指敵軍出現漏洞的意思。

一〇〇、先其所愛：首先奪取敵人的要害之處。愛：珍愛，在這裡指敵人的要害。

一〇一、微與之期：不要與敵人約定交戰的日期。微：無，不要。期：約定。

一〇二、踐墨隨敵：實施計畫時，要根據敵情的變化而改變我方的作戰方案。踐：實行，履行。墨：繩墨，這裡是法度的意思。

一〇三、始如處女：軍事行動開始的時候，要像處女一般柔弱而沉靜。

一〇四、敵人開戶：要讓敵人的門戶大開。開戶：打開門戶，在此是讓敵人放鬆警戒的意思。

一〇五、後如脫兔：戰爭一開始就要像脫逃之兔一般迅捷。

一〇六、敵不及拒：讓敵人來不及抵抗我軍的進攻。

【譯文】

孫子說：按照用兵作戰的原則，戰場地形的種類有散地、輕地、爭地、交地、衢地、重地、圮地、圍地、死地九種。在本國境內作戰的地域，叫做散地；進入敵國境內作戰，但沒有深入的地域，叫做輕地；我軍占領對我國有利，敵軍占領對敵國也有利的地域，叫做爭地；我軍可以前往，敵軍也可以到達的地域，叫做交地；同時與幾個國家接壤，誰先占有就可以與各國結交，得到援助的地域，叫做衢地；深入到敵國內部，背對著敵國許多城鎮的地域，叫做重地；山嶺、森林、險阻、沼澤等一切難於通行的地域，叫做圮地；進路狹窄，退路迂遠，敵軍用少數兵力就可以襲擊我大部隊的地域，叫做圍地；奮起速戰就可能生存，不奮起速戰就可能全軍覆滅的地域，叫做死地。因此，在散地不宜輕易進行戰爭，在輕地便不要停留，在爭地不要發動進攻，在交地要保證行軍序列不脫節斷絕，在衢地應主動結交鄰國，深入重地就要掠取敵國糧食，遇到圮地要迅速通過，陷入圍地要設奇謀突圍，到了死地只有奮勇作戰，死裡求生。

古代善於用兵作戰的人，能讓敵軍前隊與後隊不互相策應，主力部隊與小分隊不能相互聯繫，長官與士兵之間不能互相救援，上級與下級不能相互協調而失去聯絡。士兵們一旦潰散就很難再聚合，就算集合起來，部隊陣形也不能整齊；對自己的軍隊來說，則是有利於我方的局面就戰，不利於的就不戰。試問：「假如敵人眾多而且陣容齊整來向我進攻，該怎樣應付他呢？」回答是：「搶先奪取敵人最重視最關鍵的地方和東西，敵人就不得不聽從我方的擺布了。」用兵的情理最重要的是要出兵迅速，乘敵人措手不及的時機，走敵人意想不到的道路，攻打敵人沒有防備的地方。

進入敵國境內作戰的一般規律是：深入敵國的腹地作戰，將士們就會心志專一，敵人就不能戰勝我們；在敵國豐饒的土地上掠取糧食，這樣全軍人馬就有足夠的食物；注意休整，使軍隊不過於疲勞，凝聚士氣，積蓄力量；部署兵力，巧用計謀，使敵人無法揣測我軍的動向和意圖。把部隊投入無路可走的絕境，士兵就會寧死不退；士兵既然連死都不怕，還有什麼事情辦不到呢？那樣，全軍將士必然會拼盡全力跟敵人作殊死搏鬥。士兵們深陷絕境，反而會無所畏懼；無路可走了，軍心反而能穩固；所以越是深入敵國境內，部隊的凝聚力也就越強；在不得已的情況下，將士們就會殊死戰鬥。正因如此，這樣的軍隊不需要整治就會自覺加強戒備，無需強求就能完成自己的任務，無需多加約束便能親密團結，不需要三令五申，就能遵守紀律。禁止迷信和謠言，消除士兵們的疑慮，部屬至死也不會逃跑了。我軍的將士沒有多餘的錢財，並不是他們不愛財物；他們將生死置之度外，並非是討厭長壽。出征命令頒布之日，士兵們坐著的，眼淚流濕了衣襟，躺著的，眼淚流滿了臉頰。把他們投到無路可走的絕境，他們就會像專諸（春秋吳國勇士，用魚腹劍刺死吳王僚）、曹劌（春秋魯國武士，以匕首挾持齊桓公退還魯國失地）一樣的勇敢了。

善於統率軍隊的人，能讓軍隊像靈蛇一樣靈活。打靈蛇的頭，牠的尾巴就會來救應；打牠的尾巴，頭就會來救應；打牠的腰，頭尾都會來救。試問：「可以讓軍隊也像常山靈蛇一樣嗎？」回答是：「可以」。吳國人和越國人本來相互仇恨，但當他們同坐一條船渡河，遇到風暴時，他們相互救援也會像一個人的左手和右手一樣。因此，想用繫緊馬韁、深埋車輪的方法來穩定軍心，是靠不住的。使全軍上下齊心協力、英勇奮戰如同一人，才是治理軍隊應該遵循的原則。使剛強的和柔弱的都充分發揮作用，關鍵在於合理利用地形。所以，善於用兵的人，總是能使整個軍隊上下團結得就像一個人一樣，這是由於客觀形勢迫使大家不得不如此。

主持軍政大事，要做到沉著冷靜、公正嚴明而且有條不紊。要蒙蔽士兵們的耳目，讓他們對軍事行動不瞭解；變動先前的軍隊部署，改變原定計畫，使別人無法識破機關；經常改換駐地，故意迂迴行軍路線，讓別人無從推測自己的意圖。將帥向部下授予作戰任務，要像讓他登上高處就抽掉梯子一樣，斷其退路。將帥與士兵們深入敵國領土作戰，要像扣動弩機射出的箭一樣，一往無前；燒毀來時的船隻，砸破做飯的炊具，以示必死的決心。指揮士兵們要如同驅趕羊群一樣，趕它們去就去，趕它們來就來，就是為了不讓他們知道究竟要到哪裡去。聚合三軍將士，把他們投於險惡的境地，迫使全軍拼死奮戰，這是將帥統率軍隊的重要任務。對於九種地形的變化處置，攻防進退的利害得失，士兵們心理情感的變化規律，將帥們都是必須認真研究考察的。

一般到敵國境內作戰的規律是：越是深入敵國境內，全軍的意志便越是專心一致；進入敵國境地越淺，軍心就越容易渙散。離開本國到敵境進行作戰的地域，叫絕地；四通八達的地域，叫衢地；深入敵國的地域，叫重地；進入敵境較淺的地域，叫輕地；後有險固前方道路狹隘的地域，叫圍地；無路可退的地區，叫死地。因此，在散地，我們就要統一部隊的意志；進入輕地，我們就要使陣營緊密相聯；進爭地，要使後續部隊迅速跟進；過交地，要謹慎嚴密防守；臨衢地，要鞏固與鄰國的結盟；在重地，要重視保證糧草供應不斷；經圮地，要加快速度通過；陷圍地，就要堵塞缺口；到死地，就要表現出與敵死戰到底的決心。因為將士們的想法是，既然陷入了包圍，就要奮力抵抗；在迫不得已的情況下，便會拼死奮爭；深陷絕境，就會聽從指揮。

要是不瞭解諸侯國的戰略計畫，就不要與他們結交；要是不瞭解山林、險阻、湖沼等地形，就不能行軍打仗；要是不使用當地人做嚮導，就看不到地形之利。這幾個方面，只要有一方面的情況不瞭解，就不能成為爭王稱霸的軍隊。真正強大的軍隊，進攻大國，能使敵人的軍民來不及動員集中；威力加在敵人頭上，就使它的盟國不敢與其結交。因此，不必爭著與天下諸侯結交，也不用在別的諸侯國培植自己的勢力。只要進行自己的戰略決策，把兵威加在敵國之上，就可以攻克敵國的城邑，摧毀敵國。頒發破格的獎賞，頒布不同尋常的號令，指揮全軍上下就能像指揮一個人一樣。向部下布置作戰任務，不要向他們說明意圖；只告訴他們有利的條件，無需指出不利的因素。把士兵們帶到最危險的地域，才有可能起死回生；陷士兵們於死地，才能轉危為安；全軍將士陷於危難之中，然後才能贏得勝利。所以，指揮戰爭在於表面上假裝順從敵人的意圖，暗地裡全面仔細瞭解敵人的意圖，然後集中兵力攻擊敵人的要害，就可以長驅直入，擒賊殺敵，也就是我們所說的巧妙能成就大事的道理。

當我軍在決定對敵作戰的時候，就要封鎖關口，廢除通行證件，不許敵國使者往來；召集群臣，在朝廷反覆商討征伐大計。敵人一旦出現間隙，一定要迅速乘機而入，首先奪取敵人最看重的戰略要地，不要輕易與敵人約期決戰。破除陳規，一切根據敵情變化，靈活決定自己的作戰計畫和行動。因此，在戰爭開始前要像處女那樣嫻靜，不動聲色，讓敵人放鬆戒備，打開門戶；等到戰爭一開始，則要像脫逃的兔子一樣，迅速行動，讓敵人根本沒有抵抗的機會。

【名家注解】

東漢・曹操：「欲戰之地有九。」

唐・李筌：「勝敵之地有九，故次〈地形〉之下。」

【解讀】

〈九地篇〉全文大約有一千一百字左右，僅篇幅來講幾乎占到《孫子兵法》全書的六分之一。較為文簡約、論理嚴謹的其他篇目，〈九地篇〉內容也最為蕪雜、紛亂，實屬罕見。如篇首羅列九種地形，而早在〈九變篇〉，就已有關於「圮地、衢地、絕地、圍地、死地」的論述。還有文中關於「三不知」的用兵之忌，在〈軍爭篇〉中也已論及，此處不過是原文照抄。僅〈九地篇〉之中，也是兩論「九地」。除此之外，孫子之前慣用譬喻、排比、對照等修辭手法，文筆精妙，而〈九地篇〉文字簡拙，不像孫子歷來的文風，所以有研究者提出「不類《孫子》之文體」。

儘管如此，我們也絕不可因此而懷疑或者否定〈九地篇〉的獨立價值，更不可猜測其真實性，即使是望文生義，僅從題目出發去理解〈九地篇〉，也是不應該的。因為〈九地篇〉之名，與〈地形篇〉類似，又緊接在其後面，所以就名而言應是繼續後者的一個部分。即使〈九地篇〉有可能在傳承過程中發生了竄簡複沓，確實存在某些錯訛難解之處，但它自有其值得特別予以重視的地方。

在〈九地篇〉中，孫子主張不要在本土上打仗，而將戰場擺在「入人之地」處。主動出擊，進攻敵國，率三軍將士深入敵國腹地，去敵國攻城掠地，爭王稱霸，所謂「霸王之兵，伐大國也」。他提出的「散地無戰」、「衢地交合」、「輕地無止」、「重地則掠」的戰略原則，著重談論「為客之道」，這些都很明顯地表露出孫子積極進攻的思想。在其他篇目中，孫子也涉及過進攻，但都是在對戰爭這一現象做整體把握的前提下，將進攻與防守，進攻與謀略、地形、軍爭形勢結合起來，作為用兵的一個方面來論述的，但在〈九地篇〉中孫子卻將進攻作為主要的物件和內容，加以專門的討論，詳細論述九種地形和應該採取的戰術措施。就《孫子兵法》作為一個完整圓滿的體系而言，我們或許可以在某種程度上破解〈九地篇〉在文字上重複疊加的疑惑。這樣讓進攻獨立出來，成為《孫子兵法》宏大體系中有機的組成部分之一，才使得《孫子兵法》體系更為完整和縝密。

孫子把進攻戰術集中在兩點上進行討論，即「為客之道」與「政舉之日」。其中「為客之道」

的要點是「深入則專」，他認為「投之無所往，死且不北；死焉不得，士人盡力」。主張大膽深入敵國腹地，「眾陷於害，然後能為勝敗」，置之死地而後生，利用士兵陷於絕境之中的求生本能，以及由此產生的拼爭力和勇敢精神，來改變困境，以達到統帥者實現其既定目標的目的。

與此同時，行軍要快速，要對敵人實行突然襲擊，要制敵於亂或者「先奪其所愛」，這樣敵人才能聽從我們的調遣。還要注意團結內部，「齊勇若一」、「併敵一向，千里殺將」；「威加於敵，則其交不得合」，讓敵國沒有同盟國，使得他們孤軍奮戰；「詳順敵之意」、「始如處女」，用假象迷惑敵人，令其「開闔」、「開戶」，然後「乘人之及，由不虞之道，攻其所不戒」「巧能成事」。這樣的話，「其城可拔，其國可隳」的願望即可實現。孫子曰：「兵者，詭道也。」「兵以詐立」。在進攻時，假意順從，偽裝沉靜，都是為了掩蓋進攻的真相，迷惑敵人。孫子強調對戰略意圖的掩蔽，即使是對部屬，也應愚其耳目，「使之無知」。在本篇中，孫子還提出某些具體的措施：戰前即封鎖消息，「夷關折符，無通其使」；戰中突然襲擊，「先其所愛，微與之期」；一切依據實際情況而不拘於成規定俗，「踐墨隨敵，以決戰事」，「始如處女，敵人開戶；後如脫兔，敵不及拒」。這樣「政舉」之後才有勝算的可能。

孫子從人的情感、情緒等心理因素出發，探討如何利用各種地形，充分調動將士們的戰鬥積極性，防止和克服可能出現的種種消極心理，提出種種聚三軍之眾的心理措施，並將此視為決定戰爭勝敗的重要因素，認為打仗靠的就是士氣，提出「三軍可奪氣」，「避其銳氣，擊其惰歸」。

士氣是情緒、情感的表現，也就是人在不同環境下複雜心理活動的反映，它的形成有主觀與客觀兩方面的條件。在一定情況下，客觀條件對人們心理活動的影響，對情緒、情感的調動，有著十分直接的作用。從孫子對不同地形中如何用兵的論述，就充分看到了戰場環境對參與戰爭的人的情緒、情感和心理的特殊影響，並相應提出了化解消極心理、激發積極心理的有關措施。這在當時完全不重人權的社會制度下是十分難得的。

不在本土打仗，當然有使本國人力財力免受損失的考慮，但主要的原因是在家門口打仗，士兵們容易產生戀家情緒而鬥志渙散，「散地無戰」、「吾將一其志」。因此，將帥應注重管理，統一官兵的意志，鼓舞他們的士氣。

在遠離國境、深入敵國腹地的地區，「深入則專」，後退已無路，軍隊上下的意氣便容易統一，力量集中，「併敵一向」。在進入敵國不遠的「輕地」，士兵們離本土不遠，危急時容易產生退歸故國的念頭，針對於此，孫子主張「輕地則無止」、「使之屬」，即在這樣的地區不可停留，繼續深入，而且要注意使部隊保持連接，防止士兵鬆懈鬥志，甚至離隊逃脫的情況發生。

「死地」、「險地」是孫子論述的重點。經過無數事實和科學理論反覆證明，人可以爆發出超常的智慧和力量，常常是因為受到無情環境的擠壓和逼迫。孫子總結當時戰爭的經驗，看到了這一現象，其觀點正與心理學的基本規律暗合，是相當高明的。他說：「故兵之情，圍則禦，不得已則鬥，過則從。」這是因為，人在走投無路的時候，求生便成為了第一位的事情，就會無所畏懼，奮力抗爭，以求得解脫。「兵士甚陷則不懼」、「不得已則鬥」，因而「投之亡地然後存，陷之死地然後生」。

從「合於利而動，不合於利而止」的原則出發，孫子主張，將帥要激發官兵的鬥志，去爭取勝利，就應設法造成一種無路可走的情境，為了達到這個目的，將帥甚至可以「愚士卒之耳目，使之無知」。「投之無所往」「登高而去其梯」、「焚舟破釜」、「投之亡地」、「陷之死地」，都應是將帥的主觀願望和主動行為，「聚三軍之眾，投之於險，此將軍之事也」，是「九地之變，屈伸之利，人情之理」的具體運用。

〈九地篇〉中，對於兵貴神速、隱蔽突擊的論述，對將帥指揮能力的要求等，也有許多精彩之處。如「兵之情主速，乘人之不及，由不虞之道，攻其所不戒」，「將軍之事，靜以幽，正以治」，「善用兵者，攜手若使一人」，「踐墨隨敵」等等。「兵可使如率然」，「始如處女，敵人開戶；後如脫兔，敵不及拒」，更是絕妙之語，是孫子為文之本色。另外，孫子對「陷之死地然後生」的鍾愛，在本文中可見一斑。

通篇看下來，孫子沒有對其他情況的分析，因而容易給人以凡戰必致死地才可能獲勝的感覺。另外，士氣的鼓舞、鬥志的激發，完全靠危勢逼迫和愚弄蒙蔽，也欠妥當。這是需要甄別而加以注意的。

【案例】

軍事篇：平定蔡州之戰

〈九地篇〉所涉及的兵法較多，乍看之下，似乎頗顯凌亂，但其實每個兵法之間都有很強的聯繫。通常情況下只懂得一種用兵之道是很難取得勝利的，必須要學會同時靈活運用幾種兵法，才能取得勝利，接下來我們要講的李愬平定蔡州就是這樣一個典型的例子。

在經歷過安史之亂以後，唐朝由之前的繁榮鼎盛慢慢走向沒落，各地節度使獨攬本地的軍、政、財大權，獨霸一方，紛紛要營造獨立王國，有的節度使實力十分雄厚，逐漸形成了地方割據勢力，並開始抗衡朝廷，於是唐王朝的統治進一步削弱。

唐王朝為了恢復中央集權，維護統一的局面，在邊疆形勢逐漸緩和，國家財力比較豐厚的情況下，開始致力於削平藩鎮割據。西元八〇七年，唐憲宗順利平定四川、夏綏、鎮海三鎮的叛亂，隨後便開始討伐淮西、成德割據勢力。西元八一四年，也就是唐元和九年，淮西節度使吳少陽病死，他的兒子吳元濟繼承了節度使之職。

吳元濟拒絕接納唐朝派來弔祭吳少陽的使者，並發兵在今河南舞陽、葉縣、魯山一帶燒殺擄掠。看到吳元濟如此囂張的行徑，唐憲宗決定發兵討伐他，朝廷調集軍隊從四面進攻淮西。雖然南、北兩面的進攻取得了一點進展，但東、西兩路軍卻被淮西軍擊敗。從西元八一五年至八一六年間，朝廷曾多次調整東、西兩路的軍事統帥，但效果一直都不是很理想。

朝廷曾派唐、鄧節度使高霞寓接替嚴綬擔任西路軍統帥，高霞寓雖在朗山戰役中擊敗了淮西軍，首戰告捷，但不久在文城柵（今河南遂平西南）慘遭大敗。朝廷後來又派袁滋接替高霞寓，但仍沒有能戰勝淮西軍。最後，在四路征討軍屢戰不利的情況下，朝廷派李愬代替袁滋，擔任西路軍的統帥。

李愬到任後發現，因為唐軍的接連戰敗，士兵沒有什麼士氣，都十分懼怕作戰。於是李愬針對士兵們懼怕作戰的心理狀態，做了許多安定軍心的工作。他首先對士兵們說：「天子知道我李愬柔懦，能忍受戰敗之恥，所以派我來安撫你們。至於攻城進取，那不是我的事。」士兵們聽到這樣的話，情緒就稍稍安定下來。然後他又親自慰問士兵們，撫恤傷病者，派人安撫當地百姓，並用軍隊保護他們，贏得了當地人民的支持。

另一方面，李愬不講究長官的威嚴，不強調軍政的嚴整，不但安撫了士兵，還給敵人造成了無所作為的假象，成功麻痺了吳元濟。於是吳元濟就不把這位上任前地位不高、名聲不大的西路軍新任將領放在眼裡，逐漸放鬆了對李愬的戒備。

李愬待將士們的情緒逐漸穩定以後，便開始著手修理器械、訓練軍隊，以提高軍隊的戰鬥力。同時制定並實行了優待俘虜及降軍家屬的政策，對被俘的淮西官將丁士良、陳光洽、吳秀琳、李祐等人，給予信任，委以官職，透過他們逐漸摸清了淮西軍的虛實。種種動作下來，很快就有了成效，到了五月份，李愬就率軍奪占了蔡州周邊的一些要點，並占領了蔡州以南的白狗、汶港、楚城等地，切斷了蔡州與臨近的申州、光州的聯繫。

五月二十六日，李愬派兵攻打朗山，淮西軍隊前來救援，唐軍遭到內外夾擊而失利，但李愬並不氣餒，他對將士們說：「我軍如連戰皆勝，敵人一定會戒備。這次我們輸了，正可藉此機會痲痺敵軍，為以後攻其不備奠定基礎。」之後李愬招募了三千士兵組成敢死隊，早晚親自訓練，以增加軍隊的突擊力，為襲擊蔡州做準備。

九月二十八日，李愬經過周密的準備，出其不意地攻占了關房（今河南遂縣）外城，殲滅了淮西軍千餘人，剩下的淮西軍退到內城堅守。李愬為了引誘敵人出來，就命令軍隊佯裝疲倦撤退，淮西軍果然派騎兵五百出城追擊，騎兵來勢洶洶，士兵們一看大驚，就準備真的撤退。李愬厲聲下令：「敢後退者，斬！」於是士兵們只好回兵奮力迎戰，擊退了淮西騎兵。

這時將士建議乘勝追擊，攻取內城，但李愬不同意，他認為：如不取此城，敵人必然分兵把守，兵力勢必分散，正好有利於我們奪取蔡州。於是下令軍隊還營。回營之後，降將李祐向李愬建議：「蔡州城內都是些老弱兵卒，精兵都被派到泗曲及周圍據守，所以此時可以乘虛直抵蔡州，一舉奪下蔡州城，等到外邊的精兵得到消息時，吳元濟恐怕早已被擒了。」

這個計謀正與李愬的想法不謀而合。十月，李愬覺得襲擊蔡州的條件已經成熟，便命隨州刺史史旻鎮守文城柵，命降將李祐、李忠義（即李憲）率三千士兵為前驅，自己率三千人為中軍，李進城率三千人為後軍，奇襲蔡州。

為嚴守行動祕密，軍隊從文城柵出發時，士兵們都不知道此行的目的地是哪，只知道是「向東前進」。這一日風雪交加，天氣陰晦，軍隊東行六十里後到達了張柴村。李愬迅速出兵全殲了淮西軍布置在柴村的守軍和負責傳遞情報的烽火兵，一舉搶下柴村要地。隨後，李愬留下五百人截斷橋梁，以防泗曲方面的淮西軍回救蔡州，另留五百人以警戒朗山方向的救兵。其他士兵稍事休息後又乘夜繼續向東挺進，而此時將領們還不知道此行的具體安排，便向李愬發出疑問，問他去哪裡。這次李愬胸有成竹地回答道：「去蔡州城捉拿吳元濟！」

這夜天氣異常寒冷，鵝毛大雪漫天飛舞，呼嘯的大風撕裂了旌旗，沿路隨處可見凍死的兵士和馬匹，行軍道路非常險峻，將士們都覺得此去必死無疑。因為李愬宣布了嚴格的軍紀，沒有人敢違抗軍令，所以軍隊還是冒雪急行，天未亮就到達了蔡州。

李愬看到臨近蔡州城處有個鵝鴨池，就命令士兵驚打鵝鴨，以求掩蓋軍隊行進的聲音，分散淮西軍的注意力。自從吳少陽抗拒朝廷以來，官軍不到蔡州城下已有三十多年了。因此，大敵當前，淮西軍竟然未作任何防範，蔡州城內依然戒備鬆弛。

李愬的軍隊很快就攻進了蔡州城，並占領了戰略要地。天明雪止之時，有人告訴吳元濟，唐軍已經占領了蔡州，吳元濟根本不相信唐軍會來得如此迅速。直到聽到李愬攻擊的號令，才知道大事不好，倉促率親兵登上牙城（內城）抵抗，但終因寡不敵眾，被唐軍活捉。

吳元濟的部將董重質率領精兵數萬據守洄曲。李愬叫董重質之子前往洄曲說服父親投降，又派人以厚禮安撫董重質的家屬，董重質一看朝廷仁厚，並未因為自己是叛軍而受到責罰，就率領他的部下歸順了朝廷。之後申州、光州的守兵見蔡州已破，也先後投降。至此，持續數年的征討淮西之戰宣告結束。看到淮西藩鎮被朝廷平定，成德方面的割據勢力也懼怕唐軍的威力，在不久後也歸順了朝廷。淮西、成德是當時兩個最為強大的藩鎮割據勢力，他們的削平與歸順，使得唐王朝又獲得了統一。

李愬能夠取得這樣的成績，完全是因為他善於把握士兵的心理，利用地形、氣候對士兵心理的影響，選擇風雪嚴寒之夜，讓士兵「由不虞之道，攻其所不戒」，確保軍隊戰鬥力的充分發揮，還靈活運用示弱惑敵、速戰速決、避實擊虛等用兵原則，最終一舉擒獲吳元濟，成功為朝廷削平了地方割據勢力。

〈火攻篇〉

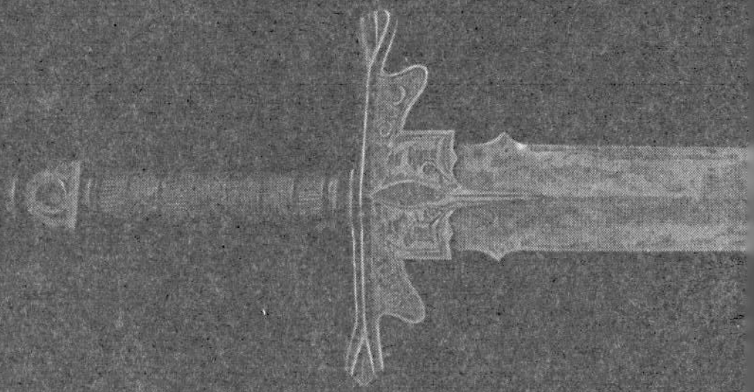

【原典】

孫子曰：凡火攻有五：一曰火人[一]，二曰火積[二]，三曰火輜[三]，四曰火庫[四]，五曰火隊[五]。行火必有因[六]，煙火必素具[七]。發火有時，起火有日[八]。時者，天之燥[九]也；日者，月在箕、壁、翼、軫[一〇]也；凡此四宿者，風起之日也。

凡火攻，必因五火之變而應之[一一]。火發於內[一二]，則早應之於外[一三]；火發而其兵靜者，待而勿攻[一四]，極其火力[一五]，可從而從之，不可從而止[一六]。火可發於外，無待於內[一七]，以時發之[一八]。火發上風，無攻下風[一九]。晝風久，夜風止[二〇]。凡軍必知有五火之變，以數守之[二一]。故以火佐攻者明[二二]，以水佐攻者強[二三]。水可以絕，不可以奪[二四]。

夫戰勝攻取，而不修其功者，凶[二五]，命曰「費留[二六]」。故曰：明主慮之[二七]，良將修[二八]之，非利不動，非得不用[二九]，非危不戰。

主不可以怒而興師[三〇]，將不可以慍[三一]而致戰[三二]；合於利而動，不合於利而止[三三]。怒可以復喜[三四]，慍可以復悅，亡國不可以復存，死者不可以復生。故明君慎之，良將警之，此安國全軍之道也。

【注釋】

一、火人：焚燒敵軍人馬。火：在這裡做動詞，意為燒。

二、火積：焚燒敵軍積聚的糧草。

三、火輜：焚燒敵軍的武器和車輛等。

四、火庫：焚燒敵軍存放裝備、軍餉的倉庫。

五、火隊：焚燒敵人運輸設施。隊：通「隧」，道路。這裡指運輸設施。

六、行火必有因：實施火攻時，一定要具備一定的天時、敵情等條件。

七、煙火必素具：起火的工具一定平時就準備好。

八、發火有時，起火有日：發動火攻要選擇恰當的時候，點火要選擇恰當的日子。

九、天之燥：氣候乾燥。

一〇、箕、壁、翼、軫：多風天氣的時令。這四者為二十八星宿之四宿，當月亮經過這四個星宿位置時，一般是多風天氣。

一一、必因五火之變而應之：一定要根據五種火攻所引起的敵情變化，而運用對應之兵法。應：策應。

一二、火發於內：放火在敵人軍營內。

一三、早應之於外：提前從外面接應。

一四、火發而其兵靜者，待而勿攻：放火後敵軍仍保持安靜不動的，要觀望而不要進攻。

一五、極其火力：讓火力燃燒到最旺。

一六、可從而從之，不可從而止：（火起後）情況允許進攻的時候就進攻，不能進攻就按兵不動。從：跟隨，這裡是進攻的意思。

一七、無待於內：不用等待內應。

一八、以時發之：尋找適當的時機就可以放火。

一九、無攻下風：不要在逆風的地方進攻。

二〇、晝風久，夜風止：如果白天的時候颳風時間長，到晚上就會停止。

二一、以數守之：火攻應遵循自然規律，等候條件成熟再攻。

二二、以火佐攻者明：用火攻作為輔助我軍進攻的方法，效果十分明顯。

二三、以水佐攻者強：用水攻的輔助方法，會增強我軍的攻勢。

二四、水可以絕，不可以奪：用水攻可以分割敵人，卻不能摧毀敵人。絕：斷絕、分割。奪：摧毀。

二五、不修其功者，凶：不獎賞有功的人，不好。這裡指打了勝仗，卻不能及時論功行賞，鞏固勝利成果，是會造成禍患的。凶：禍患。

二六、費留：軍費將如流水般逝去。

二七、明主慮之：英明的君主會考慮這個問題。慮：考慮。

二八、修：研究。
二九、非得不用：沒有必勝的把握則不出動軍隊作戰。
三〇、主不可以怒而興師：君主不能因為一時的憤怒而出兵。
三一、慍：怨憤、惱怒。
三二、致戰：與敵作戰。
三三、合於利而動，不合於利而止：符合國家利益就出兵，不符合國家利益就不出兵。
三四、怒可以復喜：憤怒可以重新變為高興。

【譯文】

孫子說，一般火攻有五種：一是火燒敵軍的人馬，二是火燒敵軍儲備的糧草，三是火燒敵軍輜重，四是火燒敵軍倉庫，五是火燒敵軍的通道與運輸設施。實施火攻一定要有條件，火攻的器材必須事先準備就緒。發動火攻要選擇恰當的時候，點火要選擇恰當的日子。火攻的天時，是氣候乾燥的時候；火攻的時間，是月亮行經「箕」、「壁」、「翼」、「軫」四個星宿的時候。這四個星宿，是起風的日子。

凡是用火攻敵，一定要根據五種火攻所引起的敵情變化而運用兵法。從敵營內部放火，就應該及早派兵從外部接應。敵營已經起火，但敵軍仍然保持鎮靜時，就應該耐心等待，而不可進攻；讓火燒到最旺，可以進攻就發起進攻，不可以進攻就停止進攻。也可以從敵營外部放火，這樣就不必等待有人從內部策應，只要時機適合就可以放火攻擊。火攻應從上風處發起，不能從下風頭處進攻敵人。白天風刮得很久，到夜晚風就會停止。凡是領兵打仗都必須懂得五種火攻形式的變化，並根據天時氣候變化的規律，等待火攻的時機。用火攻輔助軍隊的進攻，效果十分明顯；用水攻輔助軍隊進攻，會大大增強攻勢。水攻可以隔斷敵軍，但不能毀滅敵軍。

如果打了勝仗，卻不鞏固勝利成果，是很危險的，這就是讓軍費像流水一樣白白損失而一去不復返。所以說，明智的國君應該慎重考慮這一問題，賢良的將帥要認真研究這一問題。沒有好處就不採取行動，沒有取勝的把握就不用兵，沒到危急關頭就不開戰。

國君不能因為一時的憤怒而發兵，將帥不能因為一時的怨恨而交戰。符合國家的利益就可以用兵，不符合國家的利益就按兵不動。因為憤怒之後還可以重新歡喜，怨恨之後也可以再有高興，但是國家滅亡了便不可能復存，人死了就不會再生。所以，明智的國君慎重對待戰爭，優秀的將帥警惕對待戰爭，是安定國家、保全軍隊的根本途徑。

【名家注解】

東漢・曹操：「以火攻人，當擇時日也。」

宋・王皙：「助兵取勝，戒虛發也。」

宋・張預：「以火攻敵，當使奸細潛行，地里之遠近，途徑之險易，先熟知之，乃可往。故次〈九地〉。」

【解讀】

火攻是一種重要的作戰方法，孫子就火攻之術專闢一篇，較詳細地講解了如何實施火攻的有關問題，如火攻的種類、作用、條件、方法，以及火攻中應注意的問題等。這一方面是因當時戰爭的特點決定的，另一方面也說明了孫子對火攻的重視。冷兵器時代，在武器尚不具備遠距離和大面積殺傷對手的情況下，火攻作為一種特殊有效的進攻手段，作用十分明顯。

火攻在古代戰爭中被廣泛使用，就是借助自然力量來輔助進攻，以火為手段攻敵制勝，是火器出現前的重要攻擊方法。到了兵器已經高科技化的今天，火攻仍然具有相當的價值。現代兵器中的火焰噴射器、汽油彈、燃燒彈一類，說到底仍然是火攻的一種。一九九一年一月十七日凌晨，以美國為首的多國部隊發動波斯灣戰爭，向伊拉克突然發起大規模空襲，十四小時內，作戰飛機和制導武器連續三次大規模轟炸，共投射了十八萬噸炸彈。此後，多國部隊又以每天二千架次飛機的出動率，對伊方的戰略目標進行多層次的連續轟炸。一時間，伊拉克的軍事設施、通訊聯繫被炸得稀巴爛，建築物被毀，油井起火，伊拉克葬身於一片火海之中，來不及作出反應便陷入了癱瘓。多國部隊得手的一個重要因素是利用了火的威力，這也是一種火攻，只是放火的方式和手段不同於孫子時代而已。

火攻分為五種，即「火人、火積、火輜、火庫、火隊」。這裡的火，是火燒的意思。因為戰爭的勝負取決於雙方的有生力量，所以孫子將「火人」列於首位，意在強調消滅敵人的兵馬是取勝的首要條件。此外，與他在〈作戰篇〉、〈形篇〉中的論述一致的是，孫子還比較全面地列舉了用火攻擊敵軍物資供應的幾個方面，十分強調物質基礎與後勤保障在戰爭中的重要作用，因為火攻難以直接殺傷敵軍的官兵，但可以燒毀敵軍物資、斷其供應，造成其後勤供應癱瘓，使作戰部隊人無糧食，馬無草料，這樣就必敗無疑了。

「行火必有因，煙火必素具」，孫子認為實施火攻必須具備一定的物質條件和氣象條件。火攻前，要準備好發火用的器具，選擇好發火的時間。「發火有時，起火有日」，天氣乾燥的氣候，便於發火成勢，是火攻的好時機。有風的日子，火可以借風力越燒越旺。這些都是對他提出的「道、天、地、將、法」「五事」中天時的具體運用，也是將技術手段與戰術手段結合運用的典範。

孫子指出縱火攻敵只是進攻的一種輔助形式，強調與兵力密切配合才能最後取勝。「以火佐攻者明，以水佐攻者強」，雖然火攻、水攻都有較強的威力，但若不適時投入兵力實施進攻，也很難取得預期的成功，因此他強調指出「必因五火之變而應之」，並具體介紹了在內放火、在外接應；火起而敵靜，則應靜觀其變，相機決定是攻是止；時機適合，便不需內應，可從外放火；火放在上風頭，而我軍不要在下風頭進攻；如果白天風久，夜晚則風停。這些應變的原則方法，是強調必須要遵循客觀規律，用兵者不僅要瞭解火攻的變化，而且「以數守之」。是否開戰的原則是「合於利而動，不合於利而止」。這一切都表明了孫子的態度是務實而清醒冷靜的。

孫子還在本篇完整地論述了「慎戰論」的主要觀點。據說，悍然發動第一次世界大戰的德皇威廉二世戰敗被廢黜流放期間，讀到了德文版的《孫子兵法》，當讀到「主不可以怒而興師」一段時不禁喟然長歎：「倘若早二十年讀到這本書，就絕不至於遭此亡國之痛了。」

孫子首先強調「非利不動，非得不用」，從國家利益出發，決定是否用兵。不要做沒利的事、無用的工，戰爭更是如此，「非危不戰」，不到國家利益受到威逼、萬不得已的時候，不可輕易言兵動武。因此，「主不可以怒而興師，將不可以慍而致戰」。任何人，哪怕是國君與將帥，都不能因自己一時的情感衝動而貿然興兵打仗。戰爭畢竟是關乎國家興亡、以人的生命做賭注的危事，感情用事而導致國破人亡，是得不償失，而且無法挽回的蠢事。

其次，戰爭是政治鬥爭的最高形式，也是爭奪利益的最強硬、最直接有效的方法。一旦戰爭爆發，就應設法鞏固勝利的成果。為了各自的利益，爭奪不可避免。因此，只要「合於利」，總會有人挑起戰爭，「伐謀」、「伐交」不能達到目的時，「伐兵」、「攻城」就在所難免。但是，戰爭只是手段，而絕非目的，目的是得利。因此，在戰爭中獲得了勝利，有所奪取占領之後，就應該認真謹慎地鞏固戰果，並求得進一步的發展和擴大，使之成為真正有益於國家的利。明智的國君，優秀的將帥，對此必須仔細思考，認真對待。千萬不要只知攻取而「不修其功」，否則勞民傷財，動而無利，用而不得，是十分危險的。

「安國全軍」是孫子最後提出的用兵最高標準。有的論者將「安國全軍」視為孫子軍事謀略中的首要組成部分，稱讚其為「對待戰爭、控制戰爭、駕馭戰爭的大智慧、大謀略」。維護國家安定，保全軍隊實力，是國君、將帥對待戰爭、思考決策的基本原則，因此必須非常審慎、十分警覺。類似的思想，孫子在〈計篇〉、〈謀攻篇〉、〈地形篇〉中都有過論述，這裡又作為一個原則明確提出，足見其對「安國全軍」的重視。

「慎戰論」的思想，表現了孫子對戰爭非常慎重、非常認真、非常嚴肅的態度，是先秦進步軍事思想的典型代表，十分可貴，對後世產生了很大的影響。〈火攻篇〉相當縝密地反映了孫子在研究具體作戰方式、作戰手段方面所作的努力，並使《孫子兵法》的體系圓滿完整。

【案例】

軍事篇：「火燒赤壁」以少勝多

「以火佐攻者明」，火攻術是古時作戰很重要的一個戰略戰術。提到歷史上的火攻戰例，赤壁之戰是我們不能忽視的，它是歷史上有名的利用火攻而以少勝多獲取勝利的經典戰例。

西元二〇八年春，曹操在鄴城修建玄武池開始訓練水軍，準備向南方進軍。同時派人到涼州拉攏馬騰及其子馬超，分別授以他們衛尉和偏將軍之職，防備馬騰父子乘曹軍進軍南下之機作亂，給曹軍側後方造成威脅。

在荊州方面，劉表之子劉琦、劉琮為爭奪繼承權而相互鬥爭，使得荊州內部很不穩定，而劉表年老多病，只求偏安一方，並無大的作為。因為袁紹集團滅亡而失意的劉備，此時投奔了劉表，並領命屯兵駐守荊州的北大門新野、樊城，以阻止曹軍南下。劉備雖然寄人籬下，但是雄心勃勃，不忘東山再起，想要等待時機成熟便取代劉表，進而奪取全國的統治權，因此劉備積極爭取荊州地主集團的支持，訪求人才，擴充自己的政治軍事力量。當時，劉備麾下已經有了諸葛亮、關羽、張飛、趙雲等謀士和猛將。

東吳方面，孫權擁有精兵十萬，占有吳郡、會稽、丹陽、廬陵、豫章、廬江等六郡，再加上周瑜、魯肅、張昭、程普、黃蓋等人的支持輔助，內部相當團結，統治基礎牢固，實力較為強大，加上東吳還占據長江天險這一地理優勢，成為曹操統一天下的主要障礙。魯肅對孫權建議，趁曹操忙於消滅袁紹集團的殘餘勢力，東吳應該去消滅江夏太守黃祖，占領荊州，以控制整個長江流域。於是孫權按照魯肅的建議，於西元二〇三年開始討伐黃祖。黃祖戰敗退至夏口，憑藉堅城固守。孫權拼力圍攻夏口，相持多年，到西元二〇八年，孫權終於突破夏口防線，占領了江夏，打敗了黃祖。

曹操看到孫權攻占江夏，害怕他會乘勝搶先占領荊州，便在這一年七月急忙率步騎十數萬大舉南下攻取荊州。曹軍先派一部分兵力向新野方向，出其不意直下荊州、襄陽。再派另一部分兵力向宛、葉進行佯動，吸引劉表軍隊。八月，劉表次子劉琮繼位。劉琮剛剛繼位，萬事還沒穩定，便遭曹軍大兵壓境，再加上他自身的軟弱無能，於是不戰而降。

當劉備得知劉琮已經投降時，他自己正在與襄陽僅一水之隔的樊城訓練軍隊，準備迎戰曹軍。當時曹操的軍隊已經到達宛城，離樊城只有咫尺之遙。劉備便率領隨行人員向江陵退去，因為他深知以自己當時的兵力是無法抵擋聲勢浩大的曹軍的。

曹操怕劉備占領江陵，便親率五千輕騎日夜兼程猛追，一晝夜行三百餘里，在當陽長坂坡追上劉備。劉備猝不及防，被曹操打敗，僅餘諸葛亮、張飛、趙雲等幾十騎逃脫追擊，退卻至夏口，與劉表長子劉琦會合。這時，他們總共僅有一萬水兵、一萬步兵，無奈又進一步退守到長江南岸的樊口。江陵被曹操占領，不僅劉備感到了被吞沒的危險已經迫在眼前，也使東吳的孫權感到戰火就要燒到自己身上了。局勢的發展，迫使劉備、孫權都在尋找抗曹破敵的辦法。

曹操就這樣一路一直順利取勝，輕鬆攻下荊州，輕鬆占領江陵，除獲得劉表的降兵八萬外，還獲得了大量的軍事物資。謀士賈詡建議應該鞏固新占地區，利用荊州的豐富資源，休養軍民，然後再以強大的優勢迫使東吳孫權投降。但是，曹操由於一路進展順利，滋長了輕敵情緒，根本不聽賈詡的意見，依然堅持繼續向江東進軍，意圖占領整個長江以東地區。

不久，東吳派魯肅以為劉表弔喪為名，急忙前往荊州探聽虛實。魯肅到達夏口聽到了劉備南撤的消息，便轉道當陽，會見了劉備，建議劉備與孫權聯合抗擊曹操。恰好劉備也正有此意，於是欣然同意，派諸葛亮與魯肅一起去拜見孫權。

當時在東吳內部存在著兩種截然不同的對曹態度：以張昭為代表的部分官員主張不抵抗曹軍，

能降則降，而魯肅等人則堅決反對投降。魯肅為了增強抗曹派的力量，請孫權從鄱陽召回周瑜商討對策。周瑜回來後勸孫權說：「現在，曹操捨棄了北方軍隊善於騎戰的長處，登上戰船與我們做水上爭鬥，是以其短擊我之長。曹操號稱擁有水陸兵力八十萬，但據我分析，曹操能從北方帶來的軍隊只不過十五六萬，經過這麼多場戰役，這些兵士已經疲憊不堪，而且他們水土不服，必生疾病。曹操所得劉表的軍隊，最多七八萬，這部分士兵心存疑懼，沒有鬥志。這樣的軍隊，人數雖多但並不可怕。況且已是隆冬季節，曹軍必然會給養不足。還有曹操雖然統一了北方，但是後方局勢並不穩定。如此等等，都是用兵的大忌。曹操不顧忌這些不利因素，失敗是一定的，所以請求主公給我精兵五萬，我就可以打敗曹操。」

孫權看周瑜對曹軍兵力、作戰特點、戰場條件的分析入情入理，便決定抗擊曹操。任命周瑜、程普為左右都督，魯肅為贊軍校尉，撥精兵三萬，逆江而上，與劉備軍隊會合。

這時，在夏口的劉備，面對日益逼近的曹軍心中非常焦急，每天派人探聽孫權軍隊的消息。這下終於等到了孫權水軍，就急忙親自乘船迎接，到了之後又慰勞吳軍。劉、孫聯軍整頓完畢之後，繼續沿長江西上，到赤壁與曹軍的先頭部隊遭遇。

曹軍的情況正如周瑜、諸葛亮所預料的那樣，全軍上下疾病流行，多半曹軍不習水性，受不了江上風吹浪顛，疾病更加嚴重。聯軍輕易地擊敗了曹軍的先頭部隊，曹軍退回江北的烏林與主力會合，雙方在赤壁一帶隔江對峙。

曹操為減緩風浪顛簸，減少船身搖晃，命令手下將戰船用鐵鍊連結在一起，在船上鋪上木板。

這樣，船確實平穩了許多，但彼此牽制，行動極為不便。周瑜部將黃蓋發現了曹軍鐵索連船的弱點，他向周瑜建議：「我軍兵力弱少，與曹軍長期相持對我方不利，必須儘快設法破敵。現在，曹軍把戰船首尾相接，我們應該乘機採用火攻，一燃俱燃，將曹軍兵船全部燒毀。我先詐降接近曹營，然後火燒戰船，讓我軍來個突然襲擊，曹軍不備，必然要敗。」

周瑜採納了黃蓋的建議，制訂了作戰計畫，並讓黃蓋寫了封降書，派人送到江北曹營。曹操接到降書後深信不疑，還與送信人約定了投降的時間與信號。

西元二〇八年冬月的一天，黃蓋帶領十艘大船，船上裝滿乾柴、浸上油液，外面用布包裹偽裝，插上約定的旗號，向北岸疾駛而去。同時在大船之後繫上快船，以便在放火後換乘。船快要接近曹軍水寨時，黃蓋命令士兵舉起火把信號，齊聲呼喊：「黃蓋來投降了！」曹軍信以為真，紛紛走出船艙觀望。等黃蓋的十艘大船靠近曹軍的水寨時，船上的士兵同時放火點燃了柴草，然後跳上小艇快速後退。此時，江上正刮著猛烈的東南風，頃刻間，曹軍的戰船都燃燒起來，猛烈火勢一直蔓延到岸上，燒著了曹軍步兵的營寨。曹營官兵被突如其來的大火燒了個措手不及，一個個不禁驚慌失措。一片混亂之中，曹軍士兵被燒死、溺死、互相踩死的不計其數。本來一路打勝仗的曹操因為輕敵失算，最後弄得落魄而歸。

赤壁之戰創造了一個以火攻戰勝強敵的典型戰例。孫、劉聯軍準確地分析了曹軍的兵力、作戰特點及長短利弊等客觀情況，找出了曹軍的致命弱點，以火助攻，以長擊短、出其不意地擊敗了曹軍，有效地遏制了曹操的勢力。

〈用間篇〉

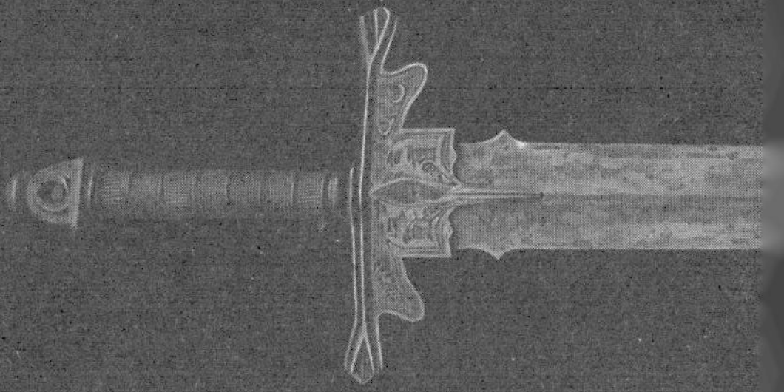

【原典】

孫子曰：凡興師十萬，出征千里，百姓之費，公家之奉[一]，日費千金；內外騷動[二]，怠於道路[三]，不得操事者七十萬家[四]。相守[五]數年，以爭一日之勝，而愛爵祿百金[六]，不知敵之情者，不仁之至也，非人之將也，非主之佐[七]也，非勝之主[八]也。故明君賢將，所以動而勝人[九]，成功出於眾者，先知也。先知者，不可取於鬼神[一〇]，不可象於事[一一]，不可驗於度[一二]，必取於人，知敵之情者也。

故用間有五：有鄉間，有內間，有反間，有死間，有生間。五間俱起，莫知其道[一三]，是謂「神紀」[一四]，人君之寶也。鄉間者，因其鄉人而用之[一五]。內間者，因其官人而用之[一六]。反間者，因其敵間而用之[一七]。死間者，為誑事於外[一八]，令吾間知之，而傳於敵間也[一九]。生間者，反報也[二〇]。

故三軍之事，莫親於間[二一]，賞莫厚於間[二二]，事莫密於間[二三]。非聖智不能用間，非仁義不能使間[二四]，非微妙不能得間之實[二五]。微哉！微哉！無所不用間[二六]也。間事未發而先聞者，間與所告者皆死[二七]。

凡軍之所欲擊，城之所欲攻，人之所欲殺，必先知其守將、左右[二八]、謁者[二九]、門者[三〇]、舍人[三一]之姓名，令吾間必索知之[三二]。

必索敵人之間[三三]來間[三四]我者，因而利之[三五]，導而舍之[三六]，故反間可得而用也。因是而知之，

故鄉間、內間可得而使也。因是而知之[三七]，故死間為誑事，可使告敵。因是而知之，故生間可使如期[三八]。五間之事[三九]，主必知之，知之必在於反間，故反間不可不厚也。

昔殷之興也，伊摯在夏[四〇]；周之興也，呂牙[四一]在殷。故明君賢將，能以上智[四二]為間者，必成大功。此兵之要，三軍之所恃而動[四三]也。

【注釋】

一、公家之奉：國家開支。公家：指國家。奉：同「俸」，指俸祿。

二、內外騷動：全國上下騷動不安。

三、怠於道路：疲憊地在路上（運輸軍需物資）。怠：疲憊、懈怠。

四、不得操事者七十萬家：不能從事正常生產勞動的人很多。形容兵事影響正常的農事。

七十萬：形容很多，並非確數。

五、相守：與敵軍對峙。

六、愛爵祿百金：吝惜金錢、爵位俸祿。形容為了這些身外之物不肯重用間諜。愛：吝惜。

七、非主之佐：不能成為國君的輔佐。

八、非勝之主：不能成為戰爭勝敗的主宰。

九、動而勝人：一出兵便能戰勝敵人。

一〇、不可取於鬼神：不能用祈禱、祭祀或占卜的方式去求得結果。

一一、不可象於事：不能透過相似的事物作模擬。形容藉由相似的情況推想出敵情。

一二、不可驗於度：絕對不能透過觀察天象和曆數來推驗吉凶禍福。驗：驗證。度：天象，曆數。

一三、五間俱起，莫知其道：同時使用五種間諜，讓敵人覺得我們變幻高深、不可捉摸。俱：都。起：使用。道：方法、規律。

一四、神紀：神妙莫測的綱紀。

一五、因其鄉人而用之：利用敵國的人作間諜。因：借助。

一六、因其官人而用之：利用敵國的官吏為間諜。官人：指敵國官吏。

一七、因其敵間而用之：把敵方派來的間諜，為我所用。

一八、為誑事於外：故意向外散布虛假情況。誑：欺騙、迷惑。

一九、令吾間知之，而傳於敵間也：我方間諜有意將我方的虛假情況傳達給敵人。

二〇、生間者，反報也：到敵方瞭解情況後，能親自返回報告的人。

二一、三軍之事，莫親於間：軍中沒有比間諜最應該成為親信的人。

二二、賞莫厚於間：沒有比間諜所受賞賜更優厚的人。

二三、事莫密於間：沒有比間諜的事更應該保守機密的了。

二四、非仁義不能使間：如果不以誠相待，就不能使間諜為自己效命。

二五、非微妙不能得間之實：不是心思縝密、手段巧妙的將領，不能取得間諜的真實情報。微妙：精細巧妙。實：實情。

二六、無所不用間：指處處都可以使用間諜。

二七、間事未發而先聞者，間與所告者皆死：用間所謀之事還沒有開始行動，就走漏了風聲的，間諜和知情人都應該處死。

二八、左右：主將最為親近的人。

二九、謁者：負責通報和傳令的人。

三〇、門者：守門的人。

三一、舍人：室內的勤務人員。

三二、令吾間必索知之：命令我方間諜人員全部調查清楚。

三三、間：名詞，間諜。

三四、間：動詞，從事間諜活動。

三五、因而利之：用重金收買敵方間諜。

三六、導而舍之：設法誘導敵人派來的間諜，交付一定的任務，然後放他回去。

三七、因是而知之：從反間提供的情報得知敵人的內情。

三八、生間可使如期：生間可以按預定期限返回報告敵情。

三九、五間之事：五種間諜使用的事情。

四〇、昔殷之興也，伊摯在夏：商朝的興起，是在夏朝為臣的伊尹發揮了重要作用。

四一、呂牙：即姜子牙，原為殷紂的臣子，歸附周文王。

四二、上智：指具有很高智謀的人。

四三、三軍之所恃而動：指軍隊依據間諜提供的情報而行動。

【譯文】

孫子說：大凡率兵十萬，出征千里，平民百姓的耗費，國家公務的費用，每天都要花上上千金；全國上下動亂不安，民夫兵卒疲憊奔波在路途上輸送軍物，不能正常從事農業生產的有七十萬家之眾。敵我兩軍相持數年，為的是爭求有朝一日的勝利。所以，那些吝惜錢財的官爵，不肯透過用間諜瞭解敵情的將帥，實在是沒有仁愛之心到了極點。這樣的人，不配做軍隊的統帥，不配做國君的輔佐，也不能成為戰爭勝敗的主宰。英明的國君，賢德的將帥，他們之所以一出兵就能戰勝敵人，功績超過一般人，就在於用兵之前便瞭解掌握了敵情。要事先掌握到敵情，決不能依靠鬼神的啟示，也不能用某些事件現象的相似度做推測，更不可透過觀察天象和曆數去驗證，而只能從熟悉敵情的人那裡獲得。

用間諜的方法有五種：鄉間、內間、反間、死間、生間。五種間諜同時使用，敵人會覺得我們變幻高深、不可捉摸。這就是所謂的「神紀」——神祕莫測的方法，是國君克敵制勝的法寶。所謂

「鄉間」，是利用敵國居民中的普通人做間諜；「內間」，是利用敵方的官員做我方的間諜；「反間」，是利用敵人的間諜來為我們做間諜工作；「死間」，是潛入敵營把我軍的虛假情報對外散播（一旦真相敗露，我軍間諜難免一死，故稱死間）；「生間」，是指能活著返回報告敵情的間諜。

全軍上下沒有比間諜更為親近的了，獎賞沒有比間諜更優厚的了，交代處理的事務沒有比間諜更機密的了。不是睿智聰明的人不能使用間諜；不是仁慈慷慨的人不能指使間諜；不是心思縝密、手段巧妙的人不能獲得間諜的真實情報。微妙呀，微妙！沒有什麼地方不可以使用間諜。如果間諜工作尚未進行就洩露了用間的消息，那麼間諜和告密者都要死。

只要是我軍想要攻擊的敵人、想要攻打的城池、想要刺殺的敵方官員，都應該事先瞭解敵方的守將及其左右親信、掌管通訊聯絡和把守門戶的官員以及幕僚門客的姓名，讓我方的間諜一定要索查清楚。

必須查出敵方派來刺探我方情況的間諜，用利益收買他們，引誘開導他們，然後交給他們任務，放他們回去，這樣就可以使他們成為反間為我所用了。因為有了反間提供的情報，所以就可培植、利用鄉間和內間了。同樣，根據反間提供的情報，死間傳播的假情報，就可以透過反間而告知敵人。也是因為有了反間，我方的生間就可以按預定的時間回來彙報敵情。對於五種間諜的情況，君主必須清楚地知道，而更應該懂得關鍵又在於利用反間，所以對反間不能不優厚。

昔日殷商的興起，是因為伊尹曾在夏朝做過官；西周的興起，是因為姜尚曾在殷商為臣。所以，明智的國君，賢良的將帥，能使用智慧高超的人做間諜，一定能取得極大的成功。這是用兵作戰的要訣，全軍都要依據他們提供的情報來進行軍事行動。

【名家注解】

東漢・曹操：「戰必先用間，以知敵情也。」

唐・李筌：「戰者必用間諜，以知敵之情實也。」

宋・張預：「欲素知敵情者，非間不可也。然用間之道，尤須微密，故次《火攻》也。」

【解讀】

孫子軍事理念的基石是「知彼知己，百戰不殆」，在孫子的各種計謀中，「知」是關鍵。「知己」容易，而「知彼」較難，所以孫子為講述知彼的計略專門闢出一篇〈用間篇〉。

在〈用間篇〉中，孫子首先講述了用間的重要性及意義，闡述了「愛爵祿百金，不知敵之情者，不仁之至也」的思想。孫子認為戰爭是勞民傷財之事，應越快結束越好，而用間則可快速瞭解敵對一方的具體情況，從而加快戰爭的結束。孫子從戰略大局的角度出發強調指出，戰勝敵人、成就豐功偉業的重要條件是「先知」。能預先知道敵方的詳情，就能相應地制訂我方的戰略部署和行動方案，就可以「動而勝人，成功出於眾」。而「不知敵之情者」，則不能速勝，甚至完全沒有勝利的可能，那麼，「日費千金」、「不得操事者七十萬家」、「相守數年」，很可能爭不得「一日之勝」，勞民傷財，既不能「唯人是保」，也無法利國佐君。果真如此，統領三軍的將帥便是「不仁之至也，非人之將也，非主之佐也」。

其次，為了將「知彼」由一種主觀願望變為現實，孫子講述了「知」的具體手段和方法。孫子一貫重視人在戰爭中的作用，反對求助於鬼神、占卜、觀天象及觀星象等方法。本篇主要闡述間諜在戰爭中的作用，也正是其人本思想的具體表現。重人事輕鬼神，為大局捨小財的觀點，更表現了樸素的唯物主義認識思想和實事求是的精神，這在孫子軍事思想中，是極有光彩的精華，在當時能有這樣的自覺性和認識高度，是十分正確而且難能可貴的。同時，孫子將是否重視和善於使用間諜刺探偵察敵情，視為衡量國君將帥明智還是愚頑、仁賢還是凶劣的標準，對重間、用間者備加稱讚，對吝惜「爵祿百金」而使「日費千金」曠日持久，因小失大者，痛加斥責，不僅表現了孫子對用間的高度重視，而且從一個新的角度詮釋了「合於利而動」的指導原則。

孫子將間諜分為鄉間、內間、反間、死間、生間五種，並對其人員身份、活動特點做了闡述，明確指出，「無所不用間」，「五間俱起，莫知其道」，而「吾間必索知之」。也就是說使用間諜的範圍相當廣泛，幾乎無所不用。我方的間諜全面出動，使敵人摸不著頭緒，而我方則透過間諜可以詳細確切地掌握敵情，擊軍、攻城、殺人，皆可清楚情況，「動而勝人」。正因為如此，間諜在統帥者那裡，是關係最密切的人，得賞賜最多的人，是從事最機密的工作、完成最隱密任務的人，同時也是處境最危險的人（深入敵占區和敵人內部，其險自不待言，就是尚未進入工作狀態，也有因機密失泄而被殺人滅口的危險，「間事未發而先聞者，間與所告者皆死」）。也正因為這樣，使用間諜的統帥必須具有「聖賢」、「仁義」的智慧和品質，必須有精細的算計和巧妙的安排，否則便不可用間，即使用間，也達不到預期的目的，反而有可能造成我間被敵利用，成為反間的危險。

然後，孫子具體闡述了「反間」，即利誘收買敵人的間諜而為我所用。由於敵間在其內部的特殊身份，一旦成為反間為我所用，往往可以發揮出意想不到的作用，鄉間、內間可以透過反間提供的情況而培植、發展，死間的假情報可以透過反間順利傳達到敵軍指揮層，而減少敵方的懷疑。同時，生間也可以按期將所需情報彙報回來。堡壘最容易從內部攻破，任何強大的敵人，一旦從內部分化瓦解了，便沒有打不敗的。由此表明孫子特別重視「反間」，強調「五間之事」「知之必在於反間」是有道理的，「反間」的確十分有效、作用巨大。

最後，在間諜的使用上，孫子提出了親撫、重賞、祕密三個要素。將「親」與「密」緊緊聯繫。不是心腹，不可以言祕；間事不祕，則為己害。使間親、使事祕，能讓間諜死心塌地、臨危不變，則靠厚賞優待。這中間包含了對間諜的培養和使用兩個方面。在間諜的人選上，孫子認為最理想、最重要的原則是「以上智為間」。所謂「上智」者，就是像伊摯（伊尹）、呂牙（姜太公）那樣有大智大勇大謀略的人。任用這樣的人做間諜，沒有成就不了的功業。

由以上幾方面孫子得出結論：用間，「此兵之要，三軍之所恃而動也」。用間在軍事活動中占有舉足輕重的地位，甚至是全軍將士成敗得失、身家性命的依靠。

縱觀整篇文章，我們不難發現，孫子將〈用間篇〉放在全書的最後不是偶然的，而是頗具匠心的一筆。從全書的內容看，〈用間篇〉放置最後，與第一篇〈計篇〉首尾相呼應，使得全書形成一個完整的體系，同時也顯示出孫子對「知己知彼」思想的執著與堅持。總之，不論從該篇的內容上還是從全書的結構上說，孫子的思想邏輯都是極為嚴密的。

【案例】

軍事篇：石勒的用間計

孫子在〈用間篇〉中講述了用間的五種方法及手段，即鄉間、內間、反間、死間、生間。這五種方法各有特色，在現實中既可獨立運用，又可相互交錯、聯合使用。石勒用間勝王浚就是一個多種用間法聯合使用、連續運用的例子。

西晉時期，出身羯族的石勒形成一股割據勢力。

石勒字世龍，他的家族世代皆為部落小帥。到石勒這一代，部落小帥已無什麼待遇可言，為了生活，石勒曾給商人與地主當過田客，後被西晉并州刺史司馬騰捉住並送到冀州，販賣到一個叫師歡的地主家裡當耕奴。師歡見這個二十幾歲的胡人相貌不俗，善於騎射，勇敢有謀，怕他鼓動其他耕奴造反，就把他放了。

石勒離開師歡家，投奔了西晉朝廷養馬場的小頭目汲桑，並在茌平縣一帶組成了「十八騎」。「十八騎」經常出入於專門繁殖名馬赤龍、騏驥的場地，到遠處劫掠財寶，拿回來賄賂汲桑。

當成都王司馬穎挾持晉惠帝失敗被廢後，他的部將公師藩等從趙、魏等地起兵，為司馬穎報仇，石勒和汲桑率領牧人乘馬場馬匹數百騎前往回應。公師藩攻打鄴城失敗被殺，石勒與汲桑又逃回了馬場。他們在馬場劫掠郡縣，釋放囚犯，聚集山澤亡命之徒，勢力不斷得到擴充。

由於西晉統治者對各族民眾進行殘酷的經濟剝削與政治壓迫，激化了當時的階級矛盾與民族矛盾。西晉末年爆發的「八王之亂」，使漢族與各少數民族人民更加處於水深火熱之中，各地人民紛紛起來反抗西晉政權的統治。

這一時期全國政權混亂，一些少數民族首領趁機反晉，各地反晉勢力不斷興起。西元三〇四年，四川爆發流民暴動，起義軍占領成都。同年，早已自立為漢王的匈奴貴族劉淵起兵。劉淵集結軍隊，立志要創立一番輝煌的事業，像祖先一樣統一北方。

此時起兵的還有漢族的王彌和羯族的石勒，他們共同推奉劉淵為主帥，聯合打擊西晉統治者。同時，他們各自都擁有自己的割據地盤，計畫著在打敗晉軍的同時，發展自己的勢力，以便有朝一日取代西晉王朝的統治。

石勒在投奔劉淵後的三四年間，東征西討，奪城略地，為漢國立下了汗馬功勞，成為維護漢國統治的一支勁旅。同時，石勒自己的勢力也在征戰中不斷發展、壯大。

西元三一一年，石勒得知同樣投奔劉淵的王彌想要在其勢力壯大後暗中殺掉自己，吞併自己的勢力，於是他便先行下手，設計殺掉了王彌，兼併了王彌的人馬。也是因為這樣，石勒的實力迅速增強，野心也隨之不斷膨脹，並逐漸萌生了要自立為王的想法。

此後，石勒便在暗中展開了一系列的動作。表面上他依舊遵從漢王，但是暗地裡卻在自己的勢力範圍內採取了優待漢族地主階級知識份子的政策，拉攏了一批有智有謀的優秀人才，和他一起謀劃大業。在這個過程中，石勒挖到了在他後來建立後趙政權過程中發揮重要作用的軍師張賓。

石勒吞併王彌的部隊後，就將下一個目標鎖定在了西晉幽州刺史王浚的身上。為了能夠順利地拿下王浚，吞併他的勢力，石勒的軍師張賓給他分析了王浚的特點，並提出了一個假意歸順的計策，滿足王浚的自傲，蒙蔽他，等到他沾沾自喜失去防備時再舉兵攻打他，定能取得勝利。石勒聽了張賓的計謀，覺得可行，就制定了詳細的計畫來對付王浚。

首先石勒主動寫了一封信，言辭卑微地向王浚求和，並表示願意歸順他，輔佐他登上皇位。他在信中還寫道：「我之所以投身於興義兵、除暴亂的事業，正是要為您掃除障礙。我誠心希望您順應天意民心，登基稱帝。我石勒崇敬您、擁戴您，就像對自己的父母一樣，您也應明察我的誠意苦心，將我像兒子一樣看待。」隨後石勒派門客王子春、董肇等人，帶著書信和許多奇珍異寶去薊縣求見王浚，同時在暗地裡花重金收買王浚的心腹大臣棗嵩。王浚接到石勒的信後很是高興，於是將王子春等人封為列侯，並派人給石勒送去了當地的特產。此後，石勒又殺了陰謀叛變王浚後向他請降的司馬游統，並把他的首級獻給了王浚，以此來表示自己的歸順之心，消除王浚的戒心。

石勒對待王浚派來的使者也是十分禮待，他面北拜見使者接受王浚的書信，並把王浚送他的拂塵掛在牆上，每日敬拜。還上書王浚，約定日期親自去幽州向王浚拜奉皇帝的尊號。石勒對王浚做足了表面的功夫，在暗地裡又讓手下將武器和精兵都藏起來，故意帶使者參觀空空如也的倉庫和士氣低落的軍隊，用來蒙蔽王浚，使其看到自己的忠心和歸順之意，從而得到了王浚的完全信任。

石勒的一系列安排都發揮了效果，得到王浚的完全信任後，石勒就開始為最後的突襲做準備。他首先藉故將安插在王浚身邊的王子春召回，以便瞭解幽州現在的情況。王子春說：「幽州自從去年遭了大水災，民間沒有收穫一粒糧食，百姓早已無糧可吃。王浚對百姓的稅賦依然十分沉重，把百萬糧食屯聚在倉裡，卻不用來救濟人民，百姓怨聲載道。他的刑罰極為苛刻殘酷，大量殘害賢臣良將，誅殺排斥進諫的謀士，下屬因不堪忍受，逃亡叛變者很多。在外，鮮卑、烏桓與他離心離德；在內，棗嵩、田矯等人貪婪橫暴。人心憂懼動搖，軍隊虛弱疲憊，王浚卻還要高築臺閣，排列百官，大言不慚地說漢高祖、魏武帝都不足以與他相提並論。」聽了王子春的話後，石勒認為王浚已經失去了民心，人民生活苦不堪言，幽州現在的情況十分利於自己進攻，但是石勒也考慮到襲擊王浚一役，并州刺史劉琨的存在是一個不小的隱患，因此為了保險起見，石勒召見張賓，向其請教對付劉琨的方法。張賓建議石勒寫信給劉琨，向其求和，並以討伐王浚來表示自己的忠心。石勒依計行事，得到了劉琨的支持。

西元三一四年，石勒出兵突襲幽州，他率輕騎日夜兼程向幽州進軍，到達易水後，王浚的都護孫緯向王浚報告，準備抵抗，但是此時王浚還一心認為石勒是來擁護他坐皇位的，禁止抵抗，反而在宮中設宴等待石勒的到來。王浚的做法給了石勒可乘之機，使其順利來到了薊縣。為了防止城中有埋伏，石勒用幾千頭牛羊打著給王浚獻禮的名義，進了城，並利用這些牲畜來阻塞王浚的軍隊出戰。直到此時，王浚才意識到石勒的險惡用心，但為時已晚。石勒順利地拿下了王浚，並在襄國將其殺掉，占領了幽州，吞併了王浚的部隊，為石勒以後建立後趙掃除了障礙。

縱觀石勒吞併王浚的過程，首先派王子春安插進王浚的內部，進而從其口中得到王浚的內情，這是用了〈用間篇〉中的「生間」；其次石勒花重金收買了王浚的心腹棗嵩，讓其做自己的內奸，探知王浚的動向，配合自己的行動，這便是〈用間篇〉中的「內間」；而利用使者的出使，用假象蒙蔽王浚，讓其對自己降低戒備之心，這是用了〈用間篇〉中的「反間」。透過一系列的用間，石勒最終達到了自己的目的除去了王浚，為以後自立為王打下了堅實的基礎。聯合「用間」之微妙神奇，由此可見一斑。

附錄：孫武傳

孫子武者，齊人也。以兵法見於吳王闔廬。闔廬曰：「子之十三篇，吾盡觀之矣，可以小試勒兵乎？」對曰：「可。」闔廬曰：「可試以婦人乎？」曰：「可。」於是許之，出宮中美女，得百八十人。孫子分為二隊，以王之寵姬二人各為隊長，皆令持戟。令之曰：「汝知而心與左右手背乎？」婦人曰：「知之。」孫子曰：「前，則視心；左，視左手；右，視右手；後，即視背。」婦人曰：「諾。」約束既布，乃設鈇鉞，即三令五申之。於是鼓之右，婦人大笑。孫子曰：「約束不明，申令不熟，將之罪也。」復三令五申而鼓之左，婦人復大笑。孫子曰：「約束不明，申令不熟，將之罪也；既已明而不如法者，吏士之罪也。」乃欲斬左右隊長。吳王從臺上觀，見且斬愛姬，大駭。趣使使下令曰：「寡人已知將軍能用兵矣。寡人非此二姬，食不甘味，願勿斬也。」孫子曰：「臣既已受命為將，將在軍，君命有所不受。」遂斬隊長二人以徇。用其次為隊長，於是復鼓之。婦人左右前後跪起皆中規矩繩墨，無敢出聲。於是孫子使使報王曰：

「兵既整齊，王可試下觀之，唯王所欲用之，雖赴水火猶可也。」吳王曰：「將軍甘休就舍，寡人不願下觀。」孫子曰：「王徒好其言，不能用其實。」於是闔廬知孫子能用兵，卒以為將。西破彊楚，入郢，北威齊晉，顯名諸侯，孫子與有力焉。孫武既死，後百餘歲有孫臏。臏生阿、鄄之間，臏亦孫武之後世子孫也。

……

太史公曰：世俗所稱師旅，皆道《孫子》十三篇，吳起《兵法》，世多有，故弗論，論其行事所施設者。語曰：「能行之者未必能言，能言之者未必能行。」孫子籌策龐涓明矣，然不能蚤救患於被刑。吳起說武侯以形勢不如德，然行之於楚，以刻暴少恩亡其軀。悲夫！

（節錄自漢司馬遷《史記・孫子吳起列傳》）

【譯文】

孫武是齊國人。他以所著兵法求見於吳王闔閭。闔閭說：「您的十三篇我已全部拜讀，可以試著為我操演一番嗎？」孫子說：「可以。」闔閭問：「可用婦女來操演嗎？」孫子說：「可以。」於是吳王答應孫子，選出宮中美女，共計一百八十人。孫子把她們分為兩隊，派王的寵姬二人擔任兩隊的隊長，讓她們全部持戟。命令她們說：「你們知道你們的心口、左手、右手和背的方向嗎？」婦女們說：「知道。」孫子說：「前方是按心口所向，左方是按左手所向，右方是按右手所向，後方是按背所向。」婦女們說：「是。」規定宣布清楚，便陳設斧鉞，當場重複了多遍。然後用鼓聲指揮她們向右，婦女們大笑。孫子說：「規定不明，申說不夠，這是將領的過錯。」又重複了多遍，用鼓聲指揮她們向左，婦女們又大笑。孫子說：「規定不明，申說不夠，是將領的過錯；已經講清而仍不按規定來動作，就是隊長的過錯了。」說著就要將左右兩隊的隊長斬首。吳王從臺上觀看，見愛姬將要被斬，大驚失色。急忙派使者下令說：「寡人已知道將軍善於用兵了。但寡人如若沒有這兩個愛姬，吃飯也不香甜，請不要斬首。」孫子說：「臣下既已受命為將，將在軍中，國君的命令有的可以不接受。」於是將隊長二人斬首示眾。用地位在她們之下的人擔任隊長，再次用鼓聲指揮她們操練。婦女們向左向右向前向後，跪下起立，全都合乎要求，沒有一個人敢出聲。然後孫子派使者回報吳王說：「士兵已經陣容整齊，大王可下臺觀看，任憑大王想讓她們幹什麼，哪怕是赴湯蹈火也可以。」吳王說：「將軍請回客舍休息，寡人不願下臺觀看。」孫子說：「大王只不過喜歡我書上的話，並不能採用其內容。」從此闔閭才知道孫子善於用兵，終於任他為將。吳國西破強楚，攻入郢，北懾齊、晉，揚名於諸侯，孫子在其中出了不少力。

……

太史公說：社會上稱道軍旅戰法的人，無不稱道《孫子》十三篇和吳起的《兵法》，這兩部書，社會上流傳很廣，所以我不加論述，只評論他們生平行事所涉及到的情況。俗話說：「能做的未必能說，能說的未必能做。」孫臏算計龐涓的軍事行動是英明的，但是他自己卻不能預先避免刖足的酷刑。吳起向魏武侯講憑藉地理形勢的險要，不如給人民施以恩德的道理，然而一到楚國執政卻因為刻薄、暴戾、少恩葬送了自己的生命。可歎啊！」

汲古閣 25

孫子兵法大全集

克敵制勝的藝術，
創造奇蹟的科學！

企劃執行　海鷹文化
原著　孫武
譯注　黃善卓
美術構成　騾賴耙工作室
封面設計　九角文化設計
發行人　羅清維
企劃執行　林義傑、張緯倫
責任行政　陳淑貞

出版者　海鴿文化出版圖書有限公司
出版登記　行政院新聞局局版北市業字第780號
發行部　台北市信義區林口街54-4號1樓
電話　02-2727-3008
傳真　02-2727-0603
E-mail　seadove.book@msa.hinet.net

總經銷　知遠文化事業有限公司
地址　新北市深坑區北深路三段155巷25號5樓
電話　02-2664-8800
傳真　02-2664-8801

香港總經銷　和平圖書有限公司
地址　香港柴灣嘉業街12號百樂門大廈17樓
電話　（852）2804-6687
傳真　（852）2804-6409

CVS總代理　美璟文化有限公司
電話　02-2723-9968
E-mail　net@uth.com.tw

出版日期　2024年11月01日　一版一刷
　　　　　2025年02月15日　一版五刷
定價　360元
郵政劃撥　18989626　戶名：海鴿文化出版圖書有限公司

國家圖書館出版品預行編目（CIP）資料

孫子兵法大全集 ／ 孫武原著 ； 黃善卓譯注.
-- 一版. -- 臺北市 ： 海鴿文化，2024.11
面 ； 公分. --（汲古閣；25）
ISBN 978-986-392-539-2（平裝）

1. 孫子兵法　2. 注釋

592.092　　113015046